创造力曲线

[美]艾伦·甘尼特
（Allen Gannett）著

张子源 译

中信出版集团 | 北京

图书在版编目（CIP）数据

创造力曲线 /（美）艾伦·甘尼特著；张子源译
. -- 北京：中信出版社，2020.5
书名原文：The Creative Curve: How to Develop the Right Idea, at the Right Time
ISBN 978-7-5217-1445-6

Ⅰ.①创… Ⅱ.①艾… ②张… Ⅲ.①创造学—研究 Ⅳ.① G305

中国版本图书馆 CIP 数据核字（2020）第 029675 号

The Creative Curve by Allen Gannett
Copyright © 2018 by Allen Gannett
Jonathan Hardesty painting scans. Copyright © 2002 and 2007.Reprinted with permission of Jonathan Hardesty.
Kurt Vonnegut, excerpts from A Man Without a Country. Copyright © 2010 by Kurt Vonnegut.
Reprinted with the permission of The Permissions Company, Inc., on behalf of Seven Stories Press, www.sevenstories.com.
Simplified Chinese translation copyright © 2020 by CITIC Press Corporation
Published by arrangement with author c/o Levine Greenberg Rostan Literary Agency
through Bardon-Chinese Media Agency
All rights reserved

本书仅限中国大陆地区发行销售

创造力曲线

著　　者：[美]艾伦·甘尼特
译　　者：张子源
出版发行：中信出版集团股份有限公司
　　　　　（北京市朝阳区惠新东街甲 4 号富盛大厦 2 座　邮编　100029）
承　印　者：北京楠萍印刷有限公司

开　　本：880mm×1230mm　1/32　　印　张：10.25　　字　数：195 千字
版　　次：2020 年 5 月第 1 版　　　　印　次：2020 年 5 月第 1 次印刷
京权图字：01-2019-7328　　　　　　　广告经营许可证：京朝工商广字第 8087 号
书　　号：ISBN 978-7-5217-1445-6
定　　价：59.00 元

版权所有·侵权必究
如有印刷、装订问题，本公司负责调换。
服务热线：400-600-8099
投稿邮箱：author@citicpub.com

创造力法则为我们每个人开启创造性潜力提供了蓝图。你可以学会创造性成功的模式,并且假以时日,你会进一步掌握它。

献给
亨利·维勒

推荐序
如何成为一个有创造力的高手

"文章本天成，妙手偶得之"，大诗人陆游此番名句可以说是家喻户晓。它道出了很多人对创造力和伟大创意的理解：创造力往往来自某种比人类更强大的力量，一些幸运儿偶然得到了它，展现出来，就让他显得比别人更有创造力。这就是主流的"创造力灵感理论"，它似乎很符合我们的直觉。如果你去咨询那些创造力丰富的人为什么他们拥有这种能力，得到的回答大概率也不外乎：我也不知道，它就是那么莫名其妙地涌现出来了。这让我们特别绝望，好像创造力这事只与天才们有关，与我们一般人则没有什么关系。

这本书就是来拯救我这种"笨人"的。作者有力地驳斥了创造力灵感理论，也否认创造力与智商具有正相关性，他认为创造力并非不可捉摸的灵感所迸发的产物，它是完全可以习得的。也就是说，主流意义上的成功，是有路径可以遵循的，并且任何人通过努力都可以掌握。这满足了人们对于确定性的追求。

作者用理工科人士可能非常喜欢的方式来铺陈他的理论：首先定义了什么是创造力，以及什么样的人才会被称为有创造力的人。创造力并不是漫无边际的胡思乱想，而是在特定主题之下发展出来的新颖价值，同时它能被这个领域的"看门人"所认可和推荐，创造者个人又具有比较强的说服力，三者缺一不可。

一个好的理论应该有三个标准：能够解释过去，能够指导未来和足够简洁。作为一种新理论，这本书提出的创造力曲线无疑符合这三个标准。当你翻开这本书时，就会发现它就是一条钟形曲线，一笔就可以画出来。这条曲线展现给我们的核心认知是：创造力往往是看起来相悖的两个概念——熟悉度和新颖性的有机结合。

熟悉度要求我们要在某一主题下大量吸收信息，才能够识别对于受众而言什么是新鲜的、超出预期的，什么不过是老调重弹。"如果你对事情毫不了解，你就无从获得对它的洞察力。"在某个领域成为高手，是在这个领域拥有创造力的前提，而成为高手需要有目的的练习，盲目练习只是低水平的重复，刻意练习才能让我们成为一个高手。作者甚至还给了一个明确的比例：我们应该每天用 20% 的清醒时间去强化对你的创造性领域的认知。

书中对新颖性的获得也给出了实际性的操作方法，与我的个人体验也很吻合。我发现自己在跑步或者游泳的时候往往能冒出来好点子，有时候会好到我赶紧停下来找张纸，抓根笔记下来。

看完这本书，我了解到，原来人的左半脑负责严密的逻辑推演，而右半脑负责相似性的联想，也就是处理那些看似不同却有关的概念，创造力往往来自这里。当跑步、游泳、睡觉这些让我们的左半脑不那么紧张运转的情境出现时，右半脑就被释放了。书中第一个故事提到，披头士的保罗·麦卡特尼所创造的名曲《昨天》据说就源自他在梦中听到的一段旋律。

熟悉度和新颖性往往互相牵制，认知心理学名著《思考，快与慢》将人类的思考模式分为系统1和系统2。系统1给出感性、即时、基于直觉和经验的反应，而系统2则给出理性、延时、经过思考和考虑概率的反应。人类的天性是让那些经过广泛验证的系统2行为内化为系统1的，这样可以让我们在面对问题时做出更快速的、节省能量的决策，以便趋利避害。

人类是有熟悉度偏好的，但沉溺于熟悉度是无法产生创造力的。鲁迅写文章说"我家门前有两棵树，一棵是枣树，另一棵也是枣树"，人们觉得回味无穷，但若你的作文也照着这样写，估计是得不到高分的。如果我们希望自己拥有创造力，则需要有意识地做获取新颖性的练习。幸运的是，这本书就提供了相关的方法。

这本书的作者艾伦·甘尼特是美国TrackMaven公司的创始人，这是一家为市场营销人员提供情报和数据以提升其效率的公司，曾被评为美国增长最快的500家公司之一。他曾经困惑于营销人员本应该是最具创造力的，为什么绝大多数的营销人员却显得毫无创意，他们要么习惯跟风，拾人牙慧，要么投入巨额预算却没有支撑此种行为的理论基础。虽然作者明确表达过这本书不仅仅适合营销人员和负责用户增长的人群，而适用于更广泛的读者，但我还是从增长的专业角度发现了创造力曲线对增长营销领域的指导性，它解释了为什么曾经很有效的增长方法会快速过时，以及我们应该怎样选择营销时机才更可能引发社会反响，也给出了长期保持创造力的4条法则：借鉴、模仿、创意社群和迭代。

当然，除了增长营销领域，还有很多人在自己的工作中需要创造力，包括但不限于设计师、音乐家、创业者、足球运动员，或者厨师……我相信，许多人都能从这本书中获取养分。

在这个时代，知识并非稀缺品，那种告诉你某个道理的知识已经越来越不值钱，而帮助你获得某种能力的知识价值不菲。如果你真的希望成为某个领域的创造力高手，只看完这本书肯定是不够的，而是要按照这本书的方法"刻意练习"。

李云龙

《增长思维》作者

增长研习社发起人

混沌大学增长学院负责人

目 录
content

前 言 / XI

第一部分　颠覆创造力背后的神话

第 1 章　追逐梦想 / 003

第 2 章　洞察谎言 / 014

第 3 章　神话起源 / 026

第 4 章　何谓才能 / 048

第 5 章　何谓天才 / 073

第 6 章　创造力曲线 / 090

目录
content

第二部分　创造力曲线的 4 条法则

第 7 章　法则一：借鉴 / 129

第 8 章　法则二：模仿 / 166

第 9 章　法则三：创意社群 / 193

第 10 章　法则四：迭代 / 229

后　记 / 261

致　谢 / 273

关于来源和方法的说明 / 277

注　释 / 279

前　言

关于创造力的本质，我们都被一个谎言给骗了。

长久以来，我们的文化都鼓吹一个神话，即写出畅销书、画出好作品，或者开发出迅速走红的App（手机应用软件）等，这些创造性成功来自突然开窍的时刻。这些行为都有一种神秘色彩，与理性思考或逻辑思维无关，专属于那些"天才"，不属于普通人。

事实上，几个世纪以来，我们一直被灌输这种神话。总有些聪明人和评论家激动地讲述创造性天才的故事，强调他们所取得的创造性成功背后的个人的、潜意识的，甚至有如天赐的机缘巧合。

我写这本书的目的，就是要揭示关于创造性成功的真相：其实在任何成功的背后都存在一种科学道理。今天的神经科学研究已赋予了我们前所未有的一种能力，可解码和策划一些必要的"灵感"时刻，从而创作出令观众百看不厌的流行作品。

我一直痴迷于模式。在我童年时，这种痴迷表现为花大量时间玩电脑游戏，期待着人工智能帮我摧毁虚拟对手并拯救虚拟王国（或星球）；在我少年时，这种痴迷又转换为一种持续时间不长（却相当成功）的对参加电视知识竞赛的热衷。

如今，这种从小到大伴随我的痴迷又找到了两种表达方式。

一种方式是，白天我经营着一家公司，与许多大品牌合作，帮助它们发现营销数据中隐藏的含义，也就是隐藏的模式。我的公司帮助《财富》500强企业和高速增长的初创企业理解如何根据过去的数据做出最有利于长远发展的营销渠道、营销资料和营销策略。

另一种方式是，晚上我竭尽所能来解答"创造性成功是否有特定模式"这个问题。过去两年里，我采访了世界上最成功的一些创造者。从烹饪大厨到畅销书作家再到YouTube（美国视频网站）上的顶级网红，我与这些被称为我们这个时代的创造性天才要么面对面坐下来吃饭、聊天，要么通过Skype聊天软件进行交流。此外，我还与创造力、天才、神经科学等研究领域的顶尖学者交流。

我发现了什么？

原来，关于创造力的一切神话，充其量只是神话而已。你不必天生具备X战警式的超级能力才能取得艺术成就或达到创业高度。实际上，富有创造力的人都是运用了同一种模式才成功的，其中很多人是凭直觉掌握了这种模式，但你也可以通过学习掌握，并且一点儿也不神奇。你不需要借助LSD（麦角酸二乙基酰胺）等迷幻药来获得灵感或祈祷顿悟。

基于我的这些发现，你可以有意识地效仿世界上那些被认定为最厉害的创造性天才是怎么做的——这样离产生和执行你自己的好想法也就更近了一步。

让我们开始吧！

第一部分

颠覆创造力背后的
神话

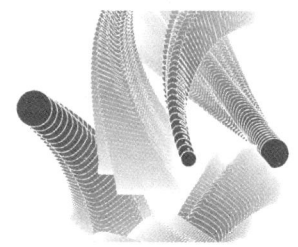

第 1 章　追逐梦想

▼

▼

1963 年 11 月。

伦敦中区温坡街[1]57 号顶楼房间里，保罗·麦卡特尼醒来时脑子里一直回响着自己刚才在梦中听到的一段旋律[2]，这位 21 岁的流行歌星赶紧三步并作两步地走到小钢琴旁。

刚才那段旋律是什么来着？

他在钢琴前坐下，试着弹奏出刚才在梦中听到的那些音符。

那段旋律感觉如此熟悉！

他最终把这些音符串起来了：G 大调、升 F 小调减七、B 大调、E 小调和 E 大调。他弹了一遍又一遍。这段旋律的整体感觉棒极了！但他确信这段旋律肯定出自他以前听过的某首歌曲，只是他现在想不起歌名了。像其他许多音乐家一样,他想到这段旋律或许出自早已存在的一首歌曲,有些焦躁不安。太熟悉了,他心想,我以前在哪儿听过它?

麦卡特尼在梦中听到的这段旋律最终成为披头士的名曲《昨天》,一首至今被翻唱次数最多的单曲——有多达3 000种不同的版本!该歌曲在美国电台和电视台被播放了700多万次[3],并且也是有史以来赚钱第四多的歌曲[4]!

麦卡特尼本人曾预言他的这首歌曲将成为世纪金曲。事实证明,《昨天》的确成为20世纪最流行的歌曲之一。从表面上看,它不过是一场梦的产物。后来,麦卡特尼曾在纪录片《披头士精选辑》中谈及这次创作经历对他理解"创造力"的深刻影响:"这首曲子是通过梦境传递给我的,太神奇了!这就是为什么我说自己对此一无所知,因为音乐本身太过神秘。"

在创造力研究者看来,麦卡特尼这种对旋律的突然领悟正是创造力以毫无征兆的方式启迪艺术家的经典例子:一刹那灵感闪现,思维突然进入人的清醒意识中带来的"灵感时刻"。正是这些没有明显来源的灵感的不可预测性,才赋予了这些灵感一种神秘色彩。很多人在洗澡、跑步或走路时会突然想到一个好主意,也正是经历了类似的灵感时刻。

无论是J. K. 罗琳在前往伦敦的火车上萌生了创作"哈利·波

特系列"的念头，还是莫扎特能够毫不费力地谱曲，这些描述现今都已成为我称之为"创造力灵感理论"的主要论据：创造性成功来自一种神秘的内在过程，其间灵感闪现，难以预测。我们的文化已然接受了这样一种观念，即生来具备天赋并且自立自强的人纯靠灵感就能获得巨大成功。

这种观念还不局限于像音乐和文学这类传统艺术领域内。数字化时代最具代表性的天才史蒂夫·乔布斯曾说过一句广为流传的话，表明他认为创造力是一种有机过程："当你向具有创造力的人请教他们是怎样做成某件事的，他们会有一丝内疚感——因为事压根儿就不是他做成的，他们只是刚好看到了。"[5]

今天，这种灵感理论代表了大部分人对创造力来源的看法。但是，为什么灵感时刻会出现呢？纯粹的高智商是唯一的解释吗？倘若我们来研究一番这些灵感时刻的产生背景，那么创造力灵感理论还站得住脚吗？

曲调鉴别

麦卡特尼捕捉到《昨天》旋律的那天上午是一个跟往常一样懒散的日子。他照例睡到中午时分才醒来，因为他和女友珍经常在伦敦的饭店、酒吧流连至深更半夜。

让麦卡特尼费解的是，为何他醒来时脑子里回响的梦中旋律如此清晰、简洁,俨然成品。他怀疑自己是不是无意中剽窃了别人的作品,这段旋律会不会来自他经常听他父亲弹奏的经典曲目,比如《去天堂的阶梯》《芝加哥》《树叶摇篮曲》?

披头士成员在创作歌曲时总是深思熟虑。约翰·列侬曾向一位采访者描述,在创作他们的第一首冠军单曲《请取悦我》时乐队成员是如此胸有成竹:"我们尽可能使它简单……我们创作时直接瞄准流行歌曲排行榜。我的想法是写一首罗伊·欧宾森风格的歌曲。"

对麦卡特尼来说,《昨天》的诞生显然是个例外,不符合他创作歌曲的一贯手法。他后来谈到《昨天》的曲调就像是"一首爵士乐旋律":"我爸爸以前常给我弹许多老牌爵士乐曲调,因此我以为自己是想起了其中一首呢。"

麦卡特尼特意去请教了几位朋友,看看他们能否听出这来自哪首歌。

他第一个找的就是他的歌曲创作搭档约翰·列侬,列侬说他从未听过这段旋律。将信将疑,麦卡特尼又去找了他的朋友、曾为大量流行歌曲谱曲的莱昂内尔·巴特。听着麦卡特尼哼唱这段旋律,巴特脸上一片茫然。如此看来,这段旋律似乎真就是麦卡特尼原创的。

但麦卡特尼仍不能完全放心,于是他又继续找人鉴别。他想找一位年纪更大、经验更丰富,并且能让他吃定心丸的人。

几天之后,麦卡特尼拜访了阿尔玛·柯冈,这位英国女歌手因歌曲《梦之船》和其他16首流行歌曲而出名。假如有什么人能鉴别出这首曲子,那一定非她莫属。

麦卡特尼在钢琴前坐定,为柯冈和她妹妹弹奏了这段旋律。"太好听啦!"柯冈听完之后说道。

麦卡特尼问柯冈以前听过这段旋律吗,它是不是别人的作品。

柯冈答道:"从未听过。是你原创的,很好听。"

这下麦卡特尼终于放心了!看来他是借助梦境创作出了一段大师级的旋律,印证了创造力灵感理论的神秘属性。

我们可以有两种看法来解读创造力灵感理论。

积极的看法是,任何人都有灵感闪现的时刻。麦卡特尼在一次梦中获得了《昨天》,这完全不受他的控制。如此说来,我们所有人都可能通过做梦得到一首畅销金曲。

消极的看法是,大多数人认为,如果我们缺乏原始的天赋或内在的天资,这些灵感时刻永远都不会出现。创造力灵感理论只与那些生来就是所谓天才的人物相关。

后一种看法造成的结果是,我们许多人都摒弃了想成为下一位了不起的音乐家、小说家或者企业家的雄心壮志,而甘于成为艺术的消费者或赞助人。与此同时，乐观者什么也不做，就在那里等待，期待着突然闪现的灵感光临。

我们这个时代富有创造性的艺术家所讲的大量轶事都支持创造力灵感理论：作家大谈自己如何等待创造性灵感，企业家大谈自己如何等待好点子迸发，音乐家大谈自己如何享受创造性带来的愉快体验。

无数关于创造力的书籍和网络帖子都告诉我们，如何克服灵感阻塞或发现自己的"心流"。伟大艺术家的传记片放大了他们拥有创造力的必然性，同时也暗示了创造力是疯狂的天才的专属能力。

与此同时，我们其他人都被排除在外，成了旁观者。

但是万一整个创造力灵感理论都是错的呢？万一你不必等待灵感闪现呢？

通往《昨天》之路

尽管多数人都知道《昨天》突然诞生的故事，但很少有人知道麦卡特尼是如何把最初的旋律打磨成一首完整歌曲的。

那种认为麦卡特尼是在一瞬间获得整首歌的看法是错误的。

麦卡特尼在梦中所得的只是一段简单的和弦音。他醒来后脑海里回响的那段旋律，与一首完整的歌曲还相去甚远，比如还没有配上歌词。麦卡特尼知道，在思考这首歌曲的结构的同时，他还需要想出歌词。

当他为阿尔玛·柯冈弹奏这段旋律时，柯冈的母亲走进房间，问："有人想吃炒鸡蛋吗？"

这句话给了麦卡特尼他所需要的临时歌词：炒鸡蛋。

于是他想出来的最初歌词是：

炒鸡蛋
哦，宝贝，我爱煞你的双腿
滴嘟，滴嘟
我相信炒鸡蛋

从那天开始，麦卡特尼花了差不多20个月的时间，殚精竭虑，才完成这首歌曲。他全身心投入这一创作过程，以至他身边的人都厌烦听到这首改了又改、不断变化的歌曲。

正如乔治·哈里森向一位采访者谈及那段时期时所说的："麦卡特尼整天谈论那首歌，让你觉得他是贝多芬或者什么人……"

即便在披头士开始拍摄他们的第二部电影《救命》时，麦卡特尼对这首歌曲的创作热情也丝毫没有减退，他利用拍摄间隙的休息时间琢磨这首歌曲。电影制片人迪克·莱斯特实在受不了麦卡特尼的这种行为了，于是对他大喊："如果你再弹那首该死的歌曲，我就叫人把钢琴抬下舞台。你要么赶紧完成它，要么彻底放弃它！"

后来，在披头士乐队第一次到法国演出时，麦卡特尼特意让人在他的旅馆房间里摆了一架钢琴，这样他就能继续创作《昨天》。功夫不负有心人。当制作人乔治·马丁第一次听到这首歌时，他一下子就被迷住了！这首歌是如此新颖独特，以至马丁担心它不适合被收入披头士的唱片专辑里。

麦卡特尼意识到这首歌需要的是表达心情低落的歌词（炒鸡蛋显然不适合做忧郁歌曲的主题）。"我记得当时想到人们喜欢感伤的旋律。他们喜欢在独自一人时放纵一下自己，在唱片机上放一张唱片，然后长叹一声'啊'！"麦卡特尼最终完成了这首歌，在1965年5月前往葡萄牙的一次旅途中草拟出了最后的歌词。

一个月之后，麦卡特尼去录音棚找乔治·马丁录制《昨天》。据马丁回忆，麦卡特尼走进百代唱片公司的2号录音棚，用一把原声吉他弹奏《昨天》。马丁所能想到的唯一改变就是增加管弦乐队的弦乐器，然而麦卡特尼觉得没必要那么兴师动众，于是马丁又提议改为四分音符。补充了这种悠扬却又忧郁的声音后，《昨天》就诞生了。

这首被认为是灵感闪现结果的金曲实际上历经了将近两年时

间的艰苦创作过程，其间的艰辛时不时让麦卡特尼（和他的朋友们）不堪重负。尽管披头士本身的地位使大众认为《昨天》的创作源自创造性灵感闪现，但正如我们所看到的，从源于梦境的旋律到最终录制成歌曲，并非一蹴而就。《昨天》的诞生不是纯靠灵感闪现，而是源自令人筋疲力尽的辛苦工作。

但是难道你能说这首歌最初不是天赐灵感吗？对此我们该如何解释呢？

对《昨天》起源感兴趣的研究人员不胜枚举：对创造力感兴趣的学者、音乐历史学家，以及狂热的披头士粉丝。所有这些人都试图回答该旋律究竟是从哪儿来的这一问题。

关于《昨天》的起源，最富启迪性的理论来自披头士专家伊恩·哈蒙德[6]。他指出，这首歌"直接演变于雷·查尔斯所演奏的《我心中的乔治亚》的旋律，不仅沿袭了后者的和弦进程，而且还借鉴了它的低音部"。

确实，披头士全体成员都是雷·查尔斯的超级粉丝。披头士刚出道时，在德国汉堡市的酒吧和俱乐部里演唱的都是雷·查尔斯的作品。正如约翰·列侬后来感慨道，当披头士开始演唱他们自己谱写的歌曲时，"真让人感慨，因为我们之前翻唱了大量别人的作品，包括雷·查尔斯的、小理查德的和其他人的"。

对麦卡特尼而言，《昨天》看上去像天赐灵感，实际上可能是他在潜意识里对所热爱的音乐加工处理的结果。像多数音乐作品一样，他的这首《昨天》也脱胎于早已存在的和弦。事实上，正如哈蒙德所指出的，雷·查尔斯版本的《我心中的乔治亚》脱胎于霍奇·卡迈克尔的最初版本。这种类型的消化、再发明及影响常见于有关创造性成功的故事中。

当麦卡特尼回忆他是如何创作《昨天》的，他倾向于强调获得这首曲子的突如其来的灵感。然而，至少在一次采访中，他承认某种更为机械的东西发挥了作用："如果你特别相信天赐神授，那么就是上帝送了我一段旋律，我不过是个传播工具。如果你对此看法不太认同的话，那么我就是一个劲儿地听以前我爸爸和我所喜欢的如弗雷德·阿斯坦、格什温等音乐家的那些作品，直到有一天早晨我的大脑创造出了一段它认为非常好的旋律。"

那些被我们看作难以解释的天才式事件经常有某种起源。

创造力灵感理论已经存在了好几千年，可以追溯到古雅典时代。尽管该理论至今仍被各家媒体大肆宣传，但是我将要讨论的现代研究证明，我们每个人都具备创造潜力。

然而，即便我们对于麦卡特尼和其他富有创造力的艺术家看法是错的——其实对他们更准确的描述是不知疲倦的、全神贯注的，那仍然不足以解释他们是如何取得商业上的成功的。大量艺术家在各自领域辛苦耕耘数年，却不为人赏识或称赞；大量小说家不知疲倦地写作数载，但最终连一本都没卖出去；许多画家、雕塑家、舞蹈编排家以及音乐家辛苦工作多年，到头来没得到一丁点儿好评或获得商业成功。由此可见，获得商业成功绝不仅仅是一个艰苦工作的问题。

那么，有可能找到创造性成功的真正原因吗？

第 2 章　洞察谎言

正如我之前提到的,我一直痴迷于识别各种模式。我们所观察到的表面看来有机或独特的现象,其实大部分是不断重复的过程和系统的结果。通过对正确模式的解码,你就能实现各种目标——无论是轻松肤浅的,还是富有意义的。

我 18 岁的时候下决心要上电视知识竞赛节目。这看上去像一个不寻常的挑战,但这一挑战所提供的报酬可能既有趣又丰厚。于是,我报名参加所有我听说过的(以及一些我从未听说过的)电视知识竞赛节目。

这类节目,有的要求报名者提交一篇短文,《危险边缘》等要求报名者完成在线测试,像《命运之轮》等则仅仅要求报名者填写一份表格。

我按要求发出了电邮、填写了线上表格,然后就开始等待。

一连几个月我都没收到任何回复。终于有一天来了封电邮,通知我去《命运之轮》试镜。我决定,在试镜前的几周时间里,不研究该节目的竞赛题型，而是花力气搞清楚制片人想要的是什么。我看了以往的许多期节目，寻找参赛者的共同点。我钻研网上关于竞赛过程的各类帖子，浏览此前一些试镜者的博客。经过几个小时的研究，我发现了一种模式：选角团队并非在找解题高手。他们要找的参赛者，要吐字清晰（而且声音还要洪亮）、不惧难堪，并且给观众的印象是荒唐的和充满活力的。

这就是为什么我没有花时间研究竞赛题型，而是想出了各种各样搞怪的方法。我把自己打扮成动画片《芝麻街》中的艾摩，我觉得这会让观众开怀大笑或让自己感到难为情。在试镜的当天早晨，我还特意喝了两杯浓咖啡，避免出现精力不够的情况。

这一切准备都奏效了！那年我成功入选了《命运之轮》。尽管最后我输给了来自弗吉尼亚州的乔安——我真的应该提前研究一下竞赛题型的，但是我得出了一个假设：电视制片人要找的是充满活力的那类人，而我经实践证明是可以做到的。

我想向自己证明：我那次被选中参赛不是侥幸，而是可以重复的。于是我又参加了另一个电视知识竞赛节目的试镜。

几个月之后，我参加了音乐电视台举办的《运动者与改变者》竞赛节目，这是一个由尼克·加农主持的质量低劣的商业类竞赛。该节目设置类似于《创智赢家》后期设置。与上次一样，这次我又输了。我参赛时提出的商业构想遭到一些著名人士的批评，其中包括CNBC电视台主持人吉米·克莱默，他最后投票把我淘汰出局，或者正如他当场说的，"卖掉、卖掉、卖掉"！

最终，我对模式的如痴如醉促成了一些更为严肃的尝试。

虽然此书的主题并不是营销（尽管书中所提的概念完全可用于营销领域），但书中的许多观点出自我本人在营销生涯中经历的种种挫折。2011年我成为一家由风投支持的初创企业的首席营销官。我想提高公司的绩效，于是又再一次开始寻找现象背后所蕴藏的模式。我深入研究了公司的营销信息和顾客信息，果不其然，最后我找到了可以帮助改进的数据，得以发掘与顾客产生共鸣的营销话题和策略。然而，发现这些模式需要好几个小时的体力劳动，并且其过程非常单调乏味。

于是在2012年，我辞职并成立了自己的公司TrackMaven，专注为市场营销人员提供有预测作用的数据分析服务。我想把以前使用的电子表格和公式都搞成自动化的。

目前世界上一些大型商业品牌雇用TrackMaven来帮助它们解析营销数据。我们的软件是基于这样一种假设设计的：如果你针对一个品牌的数百万条营销信息进行分析，你就会发现能回答有价值问题的模式。比如，某一金融服务公司是否应该投放更多的Facebook（脸书）广告？对于零售品牌而言，在其官方博客上讨论折扣和讨论新产品相比,哪种形式更好呢?在消费者考虑按"退订"按钮之前,公司发给消费者的电邮有没有数量标准呢?针对类似这些问题,我们的平台能轻而易举地找到答案。

自成立以来,TrackMaven增长势头迅猛[1]。我们已从多个机构融资2 800多万美元,与几百家《财富》500强企业及高增长初创企业合作,并被《公司》500强榜单列为美国成长速度最快的公司之一。

由于我们是从世界上一些大型品牌那儿获取数据,因此我们能看到一般人看不到的数据。

凭借这一独特的视角,我发现了另一个惊人的模式:大多数市场营销人员都是失败的。

市场营销应该是商业中最具创造力的一部分。然而内容营销研究所的报告显示,只有30%的市场营销人士认为他们传播的内容是有效的。另一项研究发现,只有2.8%的B2B(企业对企业)市场营销活动实现了预期目标[2]。对大多数市场营销人员而言,失败已然成为常态。我不禁纳闷,为什么组织里最具创造力的这些人都失败了呢?

为了回答这一问题,我拜访了许多市场营销人员。我想了解一下为什么他们往往达不成预期目标。是因为他们创造了太多内容还是太少内容?为什么即使他们成功了,这些数据却都如此一致地负面呢？

　　结果我发现，今天的市场营销人员都遵循了错误的模式。他们都倾向于使用像创新、协作、头脑风暴之类的字眼，在我看来，那真是一群等着灵感闪现的人的行业套话。正像那些相信灵感神话的人一样，这些市场营销人员也相信好的营销点子会在正确的时间造访他们。

　　市场营销人员在他们的职业生涯和他们的办公室里都无意识地遵循着创造力灵感理论的传统神话。

　　我这么说是什么意思呢？他们把办公室布置得有利于促进头脑风暴：会议室和白板随处可见，似乎它们只要存在，就会释放被遏制的创造力。有一家贸易集团的全部办公室差不多有70%现在都被设计成了开放空间，旨在鼓励员工相互合作、相互启发。的确，这样一来，公司与公司之间、团队与团队之间的头脑风暴次数都比以前增加了。然而，整体来看，大多数市场营销人员的宣传都并没有火起来，也没有激发销售额增长。

　　显然，开放办公室的计划和随处可见的白板并没有引出一个创造力的新时代。

　　这些做法绝非仅仅为市场营销人员所接受。我接触过来自各种行业、有着不同背景的创造者，包括画家、大厨、作家、企业家。我发现，无论在哪个创造性领域，人们都把创造力灵感理论作为（实际上是跌跌撞撞地）实现主流成功的模式。我所认识的作家、我所认识的企业家，甚至我所认识的艺术家，全都试图优化突然辉煌的时刻。然而即便如此重视头脑风暴和灵感闪现，大多数小说还是失败了，大多数初创企业还是破产了，大多数艺术家还是默默无名。纵观所有创造性领域，都缺乏一种自由联合、自在思考的最受人欢迎的创造力模式。

更糟糕的是，太多怀有激情的人由于接受了创造力专属于天才的这一观念，甚至不再努力尝试成为创造者。他们完全抛弃了自己的梦想，成为文化的消费者，而不是创造者。最近一项对于全球5 000人的研究发现，其中只有25%的人觉得他们正在实现自己的创造性潜力[3]。

另一方面，有少数创造性天才——从毕加索到乔布斯——的确取得了显著的商业成功。

他们是怎么做到的呢？为什么我们大多数人取得的结果如此糟糕呢？这些创造性天才是天生具备把想法转化成受人青睐的物品的能力吗？他们仅仅是运气好吗？还是有某种超出我们理解能力的东西在起作用？我们大多数人都没有取得主流意义上的成功的机会吗？

为了回答这些问题，我决定来解析一下创造性成功的成因。要取得成功——无论是创建一家成功的饭店、写作一部成功的剧本，还是发表一首流行的诗歌，都需要什么条件呢？是否存在一种共同模式呢？是否每个人都能实践、打磨并且提高创造性成功呢？

我直接从源头入手来解答这一问题。我与那些已经达到创造性和商业性成就巅峰的人士交谈，由此来揭示世界上最成功的人群是如何释放他们的潜力的，即使他们不能用确切的词语描述出来。我飞往世界各地拜访画家和大厨，通过 Skype 与摇滚歌星和企业家交流。借助这些方式，我采访了许多位富有创造力的天才，我问了他们的童年往事、他们的头脑风暴过程，甚至他们工作场所的布局。我想看看是否能发现任何能串起来的点点滴滴。我是通过各种不同场合接触到这些人的。有时很简单，只需通过电邮就能联系上他们；有一些人则是通过不同层级的管理者联系上的；还有许多是通过共同关系介绍认识的。

我同时也阅读了大量关于创造力的最新科学研究，采访了一些使用最新工具和技术来解码天才的学者，仔细阅读了数千页同行评审的学术文章和学术期刊报道。我想知道科学是否能够帮助我们解释实现创造性成功都需要什么。

我这番调查研究的结果是什么？我不仅发现了我要寻找的隐藏模式，而且还发现了一件令人惊奇和激动的事：创造力灵感理论根本就不存在!

正如我稍后要展示的,实际上许多研究都证明我们中的大多数人都天生具备与那些不断获得成功的艺术家一样的创造潜力。我还发现,对金钱和注意力的掌控能力历经演化,好点子的起源并不神秘,我们所认为的灵感闪现实际上是任何人都能培养的一种生物作用。简而言之,我发现,取得主流意义上的成功是存在相应模式的,并且任何人都能通过努力掌握这些模式。

在本书中,我将带你领略我发现的模式。

这不是一本市场营销类的书,也不是一本自我帮助类的书,而是一本理解产生突破性成功的创造力模式的指南。你将了解到创造性思考的历史以及创造性思考是如何从希腊人的时代发展到今天快节奏的 Snapchat(图片分享 App)和 Instagram(图片分享 App)世界的,你会发现潮流背后的神经科学。最后,你将发现富有创造力的成功人员所遵循的 4 条法则,这些法则能提升他们取得主流成功的可能性,你也将理解这 4 条法则起作用的科学原理。你将会发现,尽管对有些人来说这是一个有意识的过程,但大多数创造者是**无意识地**遵循这些模式,这是之前接受指导和学习类似方法的结果。

在此提醒一句:创造力的学术定义是制造出某种**既新颖又有价值**的东西的能力。认为创造力仅仅是关于创造出某种不同的或者独有的东西的想法是错误的。创造力还必须是有价值的，也就是说，有一类人群——无论是大是小——发现了某种创造性产品的重要性或有用性。创作了一首流行歌曲的流行歌星实际上是创造了某种新颖和有价值的东西，创造了一款大受欢迎的 App 的企业家值得人们研究，这意味着我的探索**不会**仅仅聚焦于你在盖蒂博物馆或者罗浮宫看到的那些传统的画家和艺术家。虽然我将谈论许多传统的创造者，但我也会谈论从歌手兼歌曲作家泰勒·斯威夫特到本杰瑞冰激凌公司调味小组等大量当代的艺术家、企业家、个人以及公司。

这样一来，我也将钻研关于潮流的科学。潮流意味着一大群人都认为某样东西——一首歌、一件产品或一种想法——是有价值的。就潮流而言，研究发现，人的内心深处存在两种显然相互矛盾的冲动：一方面渴望熟悉的事物，另一方面又寻求新奇的事物。为保护自己免受未知事物的侵扰，我们寻求熟悉的事物，比如舒适的家庭或者好友的陪伴。我们也寻求新奇和不寻常事物带来的刺激和潜在的回报。任何一个想尝试一家新饭店或想聆听一首新歌的人都知道我这么说是什么意思。

研究显示，存在于这两种相互矛盾的冲动之间的张力在偏好与熟悉度之间创造了一种钟形曲线关系。当个体或群体接触到某样事物时，接触越多，人们会越偏好这一事物，直至达到偏好度最高点。在那一点上，接触变得过于频繁，于是之后每多一次接触，偏好度逐渐降低。

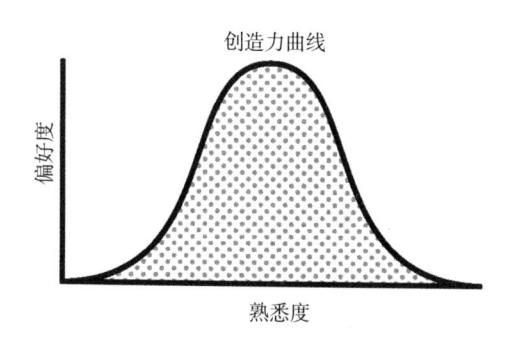

我把这种钟形曲线称为**创造力曲线**。

几十年来，社会学家、心理学家以及经济学家都知道且都写过，这两种相互矛盾的冲动以及它们所产生的这种钟形曲线。莫尔斯·佩卡姆在他1967年出版的《人类对混沌的愤怒》一书中解释了这种矛盾是如何驱动我们的文化美学的[4]。将近50年之后，乔纳·伯杰在他2016年出版的《看不见的影响力》一书中描述了"类似但不相同的"想法是如何具有最大社会影响力的[5]。最近，德里克·汤普森的著作《热点制造者》描述了20世纪的工业设计师们是如何使用叫作"最先进却能为大众接受"的标准来评论这种现象的。

然而，迄今还没有什么人提到该如何发现创造力曲线的"甜区",即熟悉度与偏好度、平淡与惊讶、相似与差异等二者之间最优张力的那一点。在我访谈和研究过程中,我发现那些受欢迎的创造者都已经有意识或无意识地开发出一种"刚好就是这么做"的方法,尽管他们也许不能用语言准确地表达出来。所谓创造性天赋实际上就是能够理解创造力曲线的过程,并能利用它来取得主流意义上的成功的能力。

不论他们在什么行业工作,我所采访的创造者都采用了惊人相似的方法。他们理解什么是公众熟悉的,继而运用新颖的方式赢得公众响应——对于这一点,他们很有把握。然后他们慢慢地调整他们的艺术风格,确保他们的成果持续受公众欢迎。

这些创造者所掌握的驾驭创造力曲线的方法就是我所说的创造力曲线法则。我将逐一概述并解释这4条法则:借鉴、模仿、创意社群、迭代。

有意或无意地运用创造力法则来开发出一种可扩展的成功系统,富有创造力的天才就能创造出融合了适量熟悉度与适量新颖度的想法,始终领先于其他人。

对于每一条法则,我将解释它背后的科学理念,并提供如何运用它的具体实例。好消息是,这些法则适用于任何创造性领域和创造性个人。

关于创造力的传统观点认为,我们生活在一个充满无限可能性的世界，因此必须要等待一个新颖的想法横空出世。我们被告知，幸运时刻会毫无征兆地随时出现，在我们洗澡时、上班路上，甚至是在开董事会时。

在本书中，我将证明这种传统观点是错误的，并且我将破解创造力曲线背后的科学，为你提供一套方法，帮助你最大化成功的可能性——无论你身处哪一行业。

第 3 章　神话起源

创造力灵感理论表明，创造力是一种神秘的内在过程，一直在我们体内翻腾，时不时毫无征兆地闪现出洞察力。简而言之，正如我们大多数人所理解的，创造力是由上天随心派发的礼物。然而，创造力灵感理论还有两个附加因素：首先，你必须具备所谓"高智商"这种传统天分，才能迸发出了不起的创意；其次，有点儿焦虑或狂躁是有帮助的。换言之，创造性才华是天生的——要么与生俱来，要么压根儿没有，而且具备这种才华的人往往有点"与众不同"。

你经常会看到这一理论在我们的文娱节目里成为亮点。电影《莫扎特传》充分展示了这一理论，该电影在 1985 年荣获了包括最佳影片在内的 8 项奥斯卡大奖。

《莫扎特传》描述了莫扎特与安东尼奥·萨列里之间充满火药味的关系，后者自视与莫扎特不相上下[1]。电影展现了儿童时期的莫扎特在蒙上眼睛的情况下，毫无瑕疵地为国王和教皇弹奏钢琴曲。这位天资甚高的神童4岁时就创作了他的第一首协奏曲。在影片中，萨列里绞尽脑汁地谱曲，一遍又一遍地修改。当发现此时已成长为一名年轻人的莫扎特根本不用校订或修正就能创作出完美的第一稿，萨列里满腔愤怒。

电影中有一个场景，萨列里看着莫扎特创作的一首曲子的曲谱，惊呼："太神奇了！实在让人难以置信！这些都是独一无二的音乐初稿，却没有任何修改的痕迹……这简直就是上帝本人的声音！"

萨列里既充满敬畏又满怀忌妒。有如天赐的音乐似乎直接从莫扎特体内流淌而出。更何况，影片中的莫扎特还被描绘成一个没把自己太当回事儿的不成熟的酒鬼。

我们很多人都把莫扎特视为创造力灵感理论的化身。著名电影评论家罗杰·艾伯特说，《莫扎特传》对于莫扎特的塑造"并非是对莫扎特的庸俗化，而是对很少把自己的作品当回事儿的真正天才的戏剧化，因为创造对于他们而言来得太容易了"[2]。

电影对于莫扎特的描绘起源于莫扎特本人写的一封信。这封信是刊登在1815年的某德国知名音乐杂志上的。该杂志的出版者是莫扎特的粉丝和专家，他乐于给对莫扎特感兴趣的任何人讲述莫扎特不必借助钢琴就能在头脑中直接谱曲的故事。

在这封信中，莫扎特解释了他的作曲过程："倘若不被打扰，我思考的主旋律就会自行扩展开来，变得条理清晰、轮廓分明，不管整个乐章有多长，都会在我脑海里几乎完整地显现出来，于是我只需瞄一眼就能够审视整体，就像看一幅精美的画作或一尊美丽的雕像。我也并非通过想象力把所有部分一个接一个地听完，我似乎是一下子听到整首曲子。"

这封信奠定了关于莫扎特的一切神话：这位卓越的作曲家不是通过冥思苦想而获得音乐灵感的，这些音乐灵感都是由一个神秘的更高力量传递给他的[3]。像其他大量关于灵感闪现的流行故事一样，关于莫扎特的这段叙述也足以打消任何一个不确信自己是否受到上天眷顾的人的积极性，使他放弃创造性努力。如果你天生不具备一种百年不遇的天赋，那么你压根儿就没机会取得成功。

莫扎特的这封信有一个问题：它是伪造品[4]。

对莫扎特这种受上天启示的卓越才华的刻画，其实出自一位野心勃勃的出版商之手，他试图推动杂志畅销。这位德国出版商约翰·罗奇利茨对莫扎特深怀敬意，刊登了大量据说是来自或者关于莫扎特的信件和轶事。然而，后来的传记作家发现，罗奇利茨刊登的关于莫扎特的许多故事都是言过其实的，甚至有些完全就是编造出来的，比如这封信。

尽管真相如此，但这个神话仍然流传久远。几百年后的今天，关于莫扎特的这种看法依旧深入人心。

事实上，莫扎特在工作中常年保持高度重复，非常辛苦[5]。

他称自己谱写的一组弦乐四重奏曲是"长期艰苦努力的结果"。莫扎特在谱曲过程中,总是要先写出大量草稿。他甚至使用一种速记法来打草稿,这使得他稍后校订起来更容易[6]。

那种认为莫扎特完全在脑海里谱曲的看法也是错误的。在真正的他的亲笔信件中,莫扎特很清楚地说明他是借助钢琴来谱曲的,因为他需要听到自己谱写的音符。

莫扎特神话的另一方面就是说他是个神童,有着前所未有的天赋。根据《莫扎特传》中萨列里的说法,莫扎特在4岁时就谱写了他的第一批协奏曲。事实上,莫扎特的第一首钢琴协奏曲是在他11岁的时候"创作"的,而且是在他父亲督促下专注练习了许多年之后。后来人们又发现,这第一批协奏曲实际上也**不是**莫扎特原创的,而是对其他人作品的重新阐释。莫扎特从3岁开始就接受他父亲在音乐方面对他的训练,直到17岁才写出了他的第一首真正**原创**的协奏曲[7]。17岁也许听上去很年轻,但是在那之前莫扎特已经积累了差不多14年的强化训练。14年日复一日的长期训练与**天生**就是世界级作曲家不是一回事。

最后,莫扎特与萨列里实际上是朋友。的确,他们俩有时因工作而竞争,但是在友好的竞争之外,他们很享受彼此的陪伴,甚至还一起谱写了一首曲子——《为了奥菲利亚的康复》[8],并且实际上萨列里还一度担任过莫扎特儿子的音乐老师。

莫扎特，这位创造力灵感理论的早期标准代表，实际上是高强度努力的实践者。

然而创造力灵感理论不仅体现在流行文化和电影里，而且还出现在主流媒体和学术界。

《纽约时报》专栏作家戴维·布鲁克斯在2016年一篇关于创造力的文章中宣称"灵感不是你能控制的东西"[9]。他不相信灵感仅仅是努力工作的结果。"受到灵感启迪的人丧失了某种主观能力，"他写道，"他们经常感到某种东西通过他们而起作用，某种比他们自身更强大的力量。古希腊人称之为缪斯，有宗教信仰的人称之为上帝或者圣灵，其他人也许把它叫作孕育在无意识深处的某种神秘的东西，一种看问题的新方法。"

布鲁克斯认为，这种灵感是超出人的理解能力的。

认为创造力是某种难以理解的东西的这种观点贯穿于西方文明。学者尤其痴迷于天才是人类某种高级形式的理念。曾有研究针对以创造力为研究主题的博士论文，据该研究显示，10篇论文中有6篇都是把创造力视为一种个体现象来研究的[10]。

然而，正如我们将看到的，创造力灵感理论的这一方面也是一个神话。就像那封伪造的莫扎特的信，几百年来评论家们都一直渲染并放大这一神话。概括而言，这一神话包括4种主要元素。首先，它是一种个体行为——天生具备这些天赋的"单独天才"所属的领域；其次，这些卓越时刻是以顿悟的形式突然降临到创造者身上的（就像麦卡特尼创作歌曲《昨天》那样）；再次，一旦受到灵感的光顾，成功便随之而来；最后，像莫扎特那样具有创造力的人都有点儿疯狂、有点儿神经质，或者有点儿躁狂——并且经常是三者兼有。

正如你将看到的，这些观点要么就是夸大其词要么甚至更糟——就像莫扎特的例子，纯属编造。但是这些观点究竟从何而来的呢？如果它们不正确，为什么还有这么多人相信灵感神话呢？关于创造性天赋的实际真相是什么呢？

创造力的历史

"诗人是轻盈有翅膀的，是神圣的，在受到神灵启迪之前是永远无法动笔的，是失去自控力的，理性不再属于他。"[11] 如果你认为这是援引戴维·布鲁克斯的另一句话，那你猜错了 2 000 多年。此话是柏拉图讲的。

我们对于创造力的现代视角大部分可以一直追溯到古希腊人那里。

柏拉图认为艺术家是模仿上帝所创造的现实的人。实际上，古希腊人用来描绘艺术家作品的词是 mimesis，意思就是"模仿"[12]。

柏拉图进一步扩展了对艺术家的这种看法。他说:"这些可爱的诗歌不是出自人类之手,而是天赐的来自诸神之手;诗人仅仅是诸神的阐释者,每一位都受他被赋予的神性支配。"[13]

柏拉图等古希腊人为"富有创造力的人是一个从诸神那里获取思想的人"这一观念奠定了历史根基。在拉丁语中,天才的意思是控制并保护一个人的精灵,这一概念后来传递给了古希腊人[14]。

古希腊人还介绍了一种观点,即艺术家是不同于我们其他人的。柏拉图将诗人进入创作的状态称为"精神错乱"。亚里士多德也采用了同样的套话,说当人们陷入躁狂时,"许多人都变成了诗人、预言家、算命先生……当他们处于躁狂状态时,都是相当好的诗人;恢复正常后,就再也写不出诗句了"[15]。如此看来,天才似乎与疯狂交织在了一起。

古希腊人因此为创造力灵感理论提供了几个基本理念:艺术家是受到神灵启迪的,并且受躁狂精神状态刺激创造。艺术家的内涵在随后的时代里继续发展。

拜访中世纪时代

今天,了不起的艺术家都是经博物馆和美术馆盖章认可的。拍卖行以几十万甚至几百万美元的价格销售著名艺术作品。然而，以中世纪关于创造力的观点看来，艺术家仅仅是模仿者，复制上帝创造的现实罢了。因此，早期西方社会认为艺术家不过是手艺人。狄波拉·海恩斯教授写了大量艺术史图书。他在与我的一次电话交流中告诉我，早期西方艺术家的社会地位远在商人之下，仅比奴隶高出一个等级。

当初根本就没有"著名艺术家"这样的概念。多数艺术品都是不签名的，部分原因是艺术品通常都是在作坊里集体创作的，更主要的原因是大部分艺术品都不是原创的。相反，艺术家都遵循严格的指导方针，模仿教堂与公民组织所要求的常见的宗教与政治艺术。

中世纪的艺术家只是技能娴熟的工人，除此之外没有什么神圣的色彩。他们相当于今天训练有素的木匠或瓦匠。

但是随着时间的推移，欧洲各国通过贸易繁荣起来，艺术市场也随之蓬勃发展。新兴的商人阶级急于挥霍，像国王一样生活；有钱的贵族仍然想装饰他们的住所；教会想继续制作令人敬畏的壁画和雕塑。

这种与日俱增的对艺术的渴求造成了西方艺术世界两种显著的变化。

首先，外界对艺术品的兴趣使得艺术家感受到了一点权力的滋味，受此鼓舞，他们开始参与集体谈判。他们加入了行会——一种早期形式的工会，行会规定了工作条件、工具、成本，甚至技术。这些行会提升了艺术家在社会中的地位。

然而，狄波拉·海恩斯发现，随着个别艺术家开始崭露头角，他们也开始脱离行会，直接为新兴的主顾阶级服务了[16]。

这些主顾创造的财富，以及他们对艺术永不满足的欲望，催生意大利文艺复兴运动。不久之后，就出现了艺术家可以独立营生的观念，并且第一次出现了**著名**艺术家，比如达·芬奇和米开朗琪罗。随着他们的作品越来越受到追捧，艺术家们推动了文化，大众把他们视为超人一等的甚至近乎英雄的个体。主顾们乐见其成，于是第一次出现了负有盛名的艺术家被看作富有创造力的天才的情况，艺术家自豪感也水涨船高。

教皇与妓院

当罗马教廷的一位官员仰头看见米开朗琪罗在西斯廷教堂祭坛上绘制的那幅壁画时，他简直吓呆了[17]。这幅画作描述了耶稣第二次降临之后上帝的最终审判。然而不同于当时的大多数宗教画作，米开朗琪罗这幅作品中的许多人物都是骄傲地一丝不挂。裸体人物画像并非前所未有，但通常这些人物都被描绘得对自身的裸露状态有点儿难为情。

米开朗琪罗的这幅《最后的审判》是意大利文艺复兴时期

最重要的作品之一。然而，罗马教皇的一位助手切塞纳却告诉人们，这幅作品适合挂在妓院的墙上。

米开朗琪罗被切塞纳的批评激怒了[18]。当初他是独自决定不画穿衣服的圣徒们的，现在他不愿意受到官僚的欺压。他想出了一个报复的方法，就是在《最后的审判》里增加了一个人物——把官员切塞纳画成了冥王米诺斯。而且，米开朗琪罗又在米诺斯身上画了一条蛇，不是缠绕一圈，而是缠绕两圈，象征着他被打入了地狱的第二界，也就是诗人但丁放逐贪欲者和堕落者的地方。更有甚者，米开朗琪罗把这条蛇画得就像正在啃噬米诺斯的生殖器。

毫不奇怪，切塞纳对此大发雷霆：米开朗琪罗你以为自己是谁啊！于是切塞纳直接向教皇抱怨，但教皇拒绝干涉此事。据说教皇是这样回答切塞纳的："我的权力行使不到地狱。"

米开朗琪罗的这一行为彰显了著名艺术家的新生实力，这种实力让他足以与宗教高官分庭抗礼。

这个故事之所以能流传至今，部分要感谢意大利文艺复兴时期的一位作家乔尔乔·瓦萨里，他写了一部最初的艺术史著作，是关于意大利艺术家的百科全书，附有对艺术家生平的简单描述。此书有助于我们认识当时的大艺术家。

在他的这本书中，瓦萨里也界定了文艺复兴时期对创造力的定义。他解释说，尽管古希腊人认为艺术家仅仅是在复制上帝的作品，中世纪统治者认为艺术家仅仅是手艺人，然而文艺复兴时期的文化认为艺术家不是简单模仿上帝，而是实际上就像上帝一样。"透过特殊恩典注入我们的神圣之光啊，不仅使我们超出了其他动物，而且——假如这么说不算罪过的话——使得我们与上帝一样了。"

"创造"不再只属于上帝所有，艺术家也能"创造"了。此外，文艺复兴时期的哲学家们，尤其是瓦萨里，开始在智商与创造力之间建立一种联系。虽然早期思想家把艺术家看成地位低下、只会"模仿"的匠人，瓦萨里关注的是了不起的艺术家的智商。他是这样描写一位大画家的，"尽管他很晚——已经成年——才投身绘画艺术，但他天分极高，凭借超常智商，很快就创作出了出色的作品"。这种普遍存在的想法使得当时的艺术家们纷纷从作坊转到有声望的艺术学院学习，其中最早的一家艺术学院就是在美第奇公爵资助下由瓦萨里本人创立的。

艺术家们不仅是相当聪明的上帝般的创造者，并且有些艺术家甚至通过自己的艺术形式**改进**了现实。英国的文艺复兴沿着这一思路继续扩展。诗人菲利普·西德尼写道："大自然从未像各种各样的诗人那样以如此丰富多彩的画面来阐释大地。"[19] 然而，艺术家仍被视为疯疯癫癫的。莎士比亚曾写道："疯子、情人和诗人都是充满想象力的。"[20]

艺术家变得像神一样了,尽管有些神经质和躁狂(如果你也被别人说成是这样的,那你应该感到欣慰)。

人与怪物之间

"我们每个人都写一篇鬼故事!"[21]

28岁的著名浪漫主义诗人乔治·戈登·拜伦对小木屋情有独钟。1816年的整个夏天,拜伦与朋友们聚集在他的湖边小木屋里,因火山喷发,阴雨绵绵,一片乌黑,这把冬天变成了一个12个月的季节。他们原本打算去湖边漫步,结果数不清有多少小时被困在屋子里。为了消磨时间,乔治和朋友们开始大声朗读一本德国鬼故事集。正是在这种情况下,乔治才提出了他的挑战——每个人都写一篇鬼故事。这群朋友当中有一位18岁的玛丽,她是另一位客人珀西的情人,他俩两年前私奔周游世界。虽然玛丽双亲都是大文豪,但玛丽仍然想找到属于自己的人生道路。此刻她坐在珀西身边,倍感为难——她有什么鬼故事可写呢?

一晃好几天过去了。乔治和珀西都开始动手把自己写的鬼故事拼凑起来。珀西问玛丽写得怎么样了,可是玛丽一个字也没写。一天,玛丽无意中听到珀西与乔治谈论一项最近的科学发现：一位植物学家声称他观察到死后的微生物仍能继续移动。于是乔治和珀西二人谈论起死而复生的观点，以当时的科学进步而言，这并非没有可能。

乔治与珀西二人的谈话为玛丽提供了点子，于是她很快就写成了一个短篇故事。别人看后都评价不错，这极大鼓舞了玛丽，她最终把这个故事写成了一部小说，并于两年后匿名出版。她将这部小说命名为《弗兰肯斯坦》。

当《弗兰肯斯坦》出版时，玛丽·雪莱才20岁，然而这位年轻作家却创造了一个世代相传的吸引人的故事，这个故事也遵循了基于创造性天才人物的固有模式——一位优秀的科学家走火入魔之后利用专业特长创造了一个怪物。

玛丽·雪莱是英国浪漫主义运动的一部分。当时的浪漫派艺术家认为天才都是疯子，并且天生具备创造绘画、诗歌和文学作品的才能。这些与上帝一样但又有些疯狂的人能够使用画笔和铅笔创造整个世界。

"疯狂的天才"这一观念直到维多利亚时代还在持续。在19世纪50年代末，查尔斯·达尔文出版了《物种起源》，此书贡献颇多，其一就是试图了解创造力和天才的科学根源以及进化根源。事实上，维多利亚时期的学者写了大量关于所谓"疯狂的天才"科学起源的书籍，包括《遗传与天才》、《天才》以及《天才的疯狂》（显然，这些书名都缺乏新意），这些书籍吸引了大众注意力[22]。

其中《天才》一书出版于1891年，试图证明天才与疯狂之间的相互关联性。该书作者龙勃罗梭的逻辑根本站不住脚，他声称"某些伟大的天才一直处于精神错乱状态，这一无可辩驳的事实使得我们可以推测其他天才也存在着精神错乱问题，只不过程度较轻些"。

龙勃罗梭的证据常常荒诞不经。比如，他强调艺术家通常都个子不高并且面色苍白，天才都"喜欢使用双关语并且爱玩文字游戏"。

他认为这些"令人不安的"特点从何而来呢？

遗传性退化，也就是父母亲没有充分表现出来的智商条件或身体条件遗传给了下一代。根据龙勃罗梭的看法，这些遗传性特点一方面造成了许多儿童精神失常，但另一方面也在另外一些儿童身上产生了某种更让人怀疑的东西：天份。

龙勃罗梭的观点带有浓重的种族主义色彩，尤其是对犹太人的，也带有性别歧视。

龙勃罗梭指出，犹太人中有很多天才。他这种说法的背景是他认为天才是一种退化的标志，因此他的这句话可以被认为是19世纪版本的讽刺挖苦式表扬。在一篇反犹太人的高谈阔论中，龙勃罗梭写道:"犹太人中精神失常者的人数是其他种族中精神失常者人数的4~6倍,这一点让人觉得反常。"

龙勃罗梭也提出,女性极少成为天才。"人们早就注意到,在音乐领域,相对于每100位男性,会有数千位女性投身音乐,然而却从未出现过一位了不起的女性作曲家。"对此,龙勃罗梭没有承认女性缺乏机会,而是认为女性从本性上就反对尝试新事物,"女性经常阻碍进步运动"。

显然,龙勃罗梭绝不是主张妇女参政的人,并且他的观点持续偏激。他声称,人们的精神状况与天赋同时受到天气与海拔的影响,多山地区的国家盛产天才,"在所有的平原国家——比利时、荷兰、埃及——都罕见天才"。

龙勃罗梭为什么觉得多山的、温暖的气候容易产生精神错乱者和天才呢?因为在他看来,尽管精神错乱是遗传性的,但根源是疟疾和麻风病等疾病,而这些疾病更容易在温暖气候里滋生。

这些以及其他类似的关于天才的骇人听闻的观点都在19世纪末广为流行。与龙勃罗梭的书同年出版的还有约翰·尼斯贝特写的《天才的疯狂》。这两本书都认为普通人是优秀的,而天才只是在一种技能(艺术或科学)上过度发展,因此是存在缺陷的。

这些书籍解释了为什么在19世纪末天才被科学家和民众看

作一种先天的、遗传的特质，不能被培养或增强（即便不被认为是疾病）。同时，天才又与精神错乱和疯狂紧密而负面地联系在一起。既然如此，那么我们又是如何从对创造力的负面态度演变成今天我们对天才的崇拜的呢？

白蚁的智商

天才从一种负面特征转化为一种正面特征，开始于19世纪末美国印第安纳州约翰逊县的特曼家庭农场[23]。该农场是这个地区的大农场，占地大约2.59平方千米。由于农场经营得成功，因此特曼一家不但买得起最好的农场设备，而且还饲养了大量的牛、羊、鸡和火鸡。

老特曼是一个收藏家，他收集土地、动物、图书（特曼的家庭图书馆里有200多本书）以及孩子（他有14个孩子）。在他所有子女中，儿子刘易斯对他尤其特殊。

刘易斯10岁，是老特曼的小儿子，一头闪闪发光的红发令他与众不同。他讨厌体育和户外活动，一到晚上，你通常会发现他躲在某个地方读书。

刘易斯好奇心极强，但是除了阅读，他在约翰逊县找不到其他什么满足好奇心的途径。因此，当有天晚上一位推销员上门兜售一本关于颅相学的书时，刘易斯立刻来了兴趣。

颅相学最早兴起于 18 世纪末的欧洲，是一门关注大脑结构以及大脑结构如何影响人们性格的"科学"。颅相学认为，人脑的某些区域影响人的不同特征，而且这些区域的大小能决定某种特征的强弱。颅相学家还声称，他们只需用手摸一下某人的颅骨，就能预测出这个人将来能取得大成就还是好吃懒做、游手好闲。虽然颅相学经常被用作种族歧视的理论基础，但那天晚上，颅相学更像是一次通过颅骨进行的算命。

刘易斯被颅相学家的夸夸其谈吸引住了。那天晚上，那位推销员激起了特曼全家人的兴趣——他边讲故事边演示，在屋子里走来走去评价着每一位家庭成员的颅骨，预测他们的未来。

当他走到刘易斯面前时，他断言这位小男孩未来必将成就非凡——他命中注定要成功。

这位挨家挨户卖书的推销员根本不知道自己引发了一系列事件，这些事件将改变世界如何理解天才。

那天晚上，刘易斯·特曼获得了两样东西：自信，以及对性格差异的强烈兴趣。他开始好奇为什么有些人（比如他自己）命中注定要成就伟大事业而其他人却没有这样的机会。

他的人生似乎验证了颅相学家的预言。他在学校成绩优异，接连跳级，给老师们留下了深刻印象。当他的大部分同龄人都在田间干活和照顾牲畜时，刘易斯却选了一条不同的道路。凭借父母亲的财力支持，刘易斯得以继续学业。他从印第安纳大学毕业后，又考取了位于马萨诸塞州的克拉克大学的心理学博士，他的博士论文主题就是评估"神童与迟钝儿童的思维能力及生理能力"。

在 20 世纪初，当时的社会对神童持有怀疑甚至鄙视的态度，这部分是 19 世纪末流行的关于疯狂天才的文献的结果——聪明人和天才都被广泛认为适应能力差并且焦虑。特曼相信，测试和研究可以证明事实并非如此。

不久以后，特曼就成为新兴的心理学领域的早期研究者之一。他在斯坦福大学找到了一份工作，这极大促进了他对智商研究的痴迷。正是在斯坦福大学，特曼听说了世界上首例智商测验[24]。这项测验是由法国人阿尔弗雷德·比奈设计的，旨在识别有学习和发展障碍的学生。由此，特曼想出了一个不同的点子——要是借用比奈测验来评价天才将会怎样呢？

于是特曼着手将比奈测验的内容美国化，将分数标准化，这样 100 就成为中间值。特曼在斯坦福大学与一个团队合作，把他这个版本的测验命名为"斯坦福－比奈测验"。与他童年时邂逅的那位颅相学家一样，特曼也相信天赋是遗传的并且能够（实际上是必须）被测量，从而促进对人的研究——为了培育先天才能，你必须首先知道谁具备它。

特曼认为每个人的智商都该被测定，于是他在1916年出版了《智商测验》一书，书里面附有一个智商测验，读者可以在自己家中用不到一小时的时间完成。[25]

这本书使特曼成了学术名人。虽然他声名鹊起，但智商测验真正成为主流却发生在一战期间，当时美国军队同意对应召入伍的170万名士兵进行智商测验，这标志着智商测验第一次在美国被接受。

不过，特曼测验有一个阴暗面。与他同时代的许多学者一样，特曼也相信优生学——通过对被社会认为是次等的人群进行强制绝育和堕胎，从而"提升"人口质量的实践。特曼试图证明，聪明人能够很好地适应生活，社会最应该担心的是那些缺乏聪明才智的人。因此，特曼支持对"智障者"进行绝育，这一愿望后来悲剧性地变成了美国有些州（像北卡罗来纳州）的法律，导致了当地政府根据低智商测验结果对一些人实施强制绝育。[26]

在他证明聪明人的优越性的探索中，特曼决定要追踪一群儿童的整个生命历程。他的理由是这样的：高智商学生的生活将如何发展？他们会很正常吗？很成功吗？维多利亚时代对精神错乱的疯狂天才的形象设定是正确的吗？于是在1921年，通过智商测验和老师推荐，特曼聚集了1 521名少年天才，少年们的智商都超过了135。[27]

出于对特曼名字（Terman）的捉弄，人们把这些孩子们称为"白蚁"（Termites）。从那以后的人生岁月里（实际上一直持续到今天），每隔5~10年，这些孩子都会收到评价他们人生进步的调查表。特曼当初的假设是，如果他能从高智商个体小时候就识别并跟踪这些人的生活，他就很有可能发现两项明确的结果：首先，这些人将对生活适应良好并且不会焦虑；其次，这些人在各自人生中将取得巨大成功。

实际上，这项研究发现了完全不同的结果。尽管特曼的确发现天才对生活适应得很好（他们的酗酒率、自杀率和离婚率都下降到了"正常"范围），但这些人在另一个不同的测量指标上表现得惊人地寻常：成功率。

是的，有几个"白蚁"后来非常杰出，但他们中没有一个人取得了巨大成功或获得了诺贝尔奖或成为家喻户晓的人物。事实上，两位后来的诺贝尔奖得主都曾参加过特曼的儿童智商测验，但都没有达到天才的智商标准。

特曼去世之后，他的一位女门生在1968年试图评估一下那些人到中年的"白蚁"在各自的职业生涯干得怎么样。

她把100位取得了最大职业成功的"白蚁"与那些在她看来没有功成名就的"白蚁"——比如木匠和零售人员等蓝领——做了对比。那些低成就者是不是智商更低？

实际上，这两组人群之间的智商差异并不显著。将他们区别开来的是那些后天培育出来的特点。成功的那组人群有着更多的"信心、坚持以及早期的父母鼓励"[28]。特曼关于智商的假设完全错了——高智商并不能保证更成功。

话虽如此，但特曼对于智商测验的大肆吹捧的确彰显了一件事：高智商的人也是正常的，并且能够很好地适应生活。特曼成功地将对天才的负面看法转变成了一种正面态度。

特曼的研究促成了今天的创造力灵感理论：创造力产生于一种神秘的内在过程，这一过程时不时闪现出灵感。今天，我们也许仍然经常认为天才具有神经质（想想乔布斯或埃隆·马斯克），但他们不再被认为是危险的或应受强烈谴责的。今天，拥有天赋被认为是值得庆贺的。但是，如果特曼的研究表明智商与创造力不是紧密联系在一起的，那么创造性才能来自哪里呢？

第 4 章　何谓才能

给你 30 秒时间，看你能说出电吹风有多少种不寻常的用途。

你能说出 6 种甚至更多吗？也许你想到了可以用电吹风吹掉物体表面的灰尘，也许有位老奶奶曾教过你用电吹风将蛋糕上的糖霜吹得更光滑。

这种类型的问题属于研究者所谓的发散式思维测验。在学术界看来，发散式思维——其目标是想出解决问题的多种方案——与创造力相关：你的思维越发散，你的创造性就越强[1]。通过你的答案的数量及其原创性，研究者就能准确评估你的创造潜力。

奥地利的研究者们想进一步了解智商与创造力之间的关系——高智商是创造性才能的必要条件吗？如果是，那需要多高的智商[2]？

为了发现答案，这些研究者招募了大学生、周边社区居民等 297 人参加一项研究。

研究者先评估了每位参加者的智商。然后，研究者让每位参加者回答 6 个发散式思维的问题来测量后者的创造潜力。最后，研究者请专业小组使用一个 1（不具备原创性）到 4（非常具备原创性）的量表来评估每个答案的原创性。

研究结果说明了什么？

测量创造力的方法有很多种，其一就是看就一件事，人们能想出多少个点子。

研究者发现，智商与人们能想出多少点子密切相关，不过前提是智商值低于 86（平均智商值 100）。智商值超过 86 时，这种相关性就不存在了，也就是说，智商值是 90（仍低于平均智商值）的人能够想出与智商值是 150 的人一样多的点子，而智商值为 150 的人就是公认的天才了。

这就是科学家所谓的门槛理论，也就是说，超过了某一智商值门槛，任何人都具备同样的创造力[3]。

智商值为 86 的门槛意味着差不多全世界约 80%（就智商得分而言）的人都具备同样的创造力。这是一个极其庞大的群体。

但万一创造力不仅仅体现为点子的数量呢？

于是研究者又关注了一个对创造力更为严谨的衡量标准：点子的质量。

当他们关注质量时，他们再次发现了智商与创造力之间的相关性，然而这种相关性还是只存在于某一智商值以内——这一数值为不超过 104。

这意味着，任何智商值超过 104 的人与智商值在天才智商值范围的人有同样的潜力想出原创性点子。这个群体同样很庞大：占了全球人口的约 40%。如果你正在看一本非虚构类图书，就像你正在看的这本书，那么你就很有可能是这个群体的一员。在世界范围内，这样的人差不多有 30 亿。也就是说，世界上有大量的人具备与许多人所仰慕的天才一样的创造力。

那么，你怎样才能释放这种创造力呢？

学画 13 年

你一定要具备超常天赋才能成为伟大艺术家吗？你能通过实践和勤奋成为伟大艺术家吗？更宽泛地说，艺术才能是天生的吗？这是创造力研究领域的一个关键问题。

乔纳森·哈迪斯蒂，一个看上去很普通的男人，决定寻找答案。

哈迪斯蒂使我想起了我叔叔，他很健谈，在家庭聚会上跟每个人都聊得火热[4]。哈迪斯蒂兴高采烈地喋喋不休，留着古铜色的络腮胡子，戴着一副我怀疑是远古遗物的眼镜，与他倒也相衬。他的面孔非常寻常，就像你在饭店或书店里常遇见的普通人。他看上去根本不像一位古典油画家。然而，哈迪斯蒂的作品却能卖到 5 位数的价格。他不仅是今天最有才华的艺术家之一，而且还是一位多产的、在线授课的指导者。

透过网络摄影头，我看到他的工作室就像是他家院子里一间大大的储藏室。他的绘画作品挂在墙上或靠在家具旁。哈迪斯蒂在这个空间进行绘画创作，还通过在线课程指导学生。

哈迪斯蒂并不是一直想成为一名画家的。除了 8 岁那年受过短暂的艺术熏陶之外，他在大学毕业之前就再没拿起过铅笔或画笔认真地画过画。

2002 年，刚刚大学毕业并且新婚不久的哈迪斯蒂在一所大学的医疗中心的募捐办公室工作，他担任助理，帮助归档文件、整理捐赠者资料、做一些日常工作。

据他所讲，他所在的工作环境有着典型的官僚氛围。"我走进去环顾四周，看见所有人都在争夺会议室里最后一块晒干了的西红柿硬面包圈。"

他的老板态度轻蔑，对他非常冷淡。哈迪斯蒂花了无数个日子归档和整理文件，第二天却发现还有更多的文件需要归档。最后，为了使自己保持清醒，哈迪斯蒂决定全力以赴投入工作——如果他不得不当一名助理，那么起码他能尽力成为最好的一位。

为达成目标,哈迪斯蒂想搞清楚他所服务的大学能否改进办公流程。将归档过程数字化,就可能节省大量时间。要是那样的话,哈迪斯蒂的生活也会更轻松些,并且能为大学节省成本。然而,哈迪斯蒂的老板立刻否决了他的这一想法,募捐办公室不追求数字化变革。

环顾办公室,哈迪斯蒂意识到他的同事们都很可怜。每个人看上去都讨厌自己的工作。

在那一刻,哈迪斯蒂意识到他必须要做一次改变。"我感觉我的灵魂在死去。"哈迪斯蒂告诉我。

他决定要对自己的生命进行规划。他要研究什么是完美的工作——什么会让他真正开心。于是那天他把手头的归档工作搁置一边,在剩下的时间里把脑子里的各种想法潦草地写在笔记本上。

哈迪斯蒂知道他必须献身于下一个工作。在不同兴趣之间跳来跳去的坏习惯让他懊恼不已。某个月他想成为一名地质学家,于是他把图书馆里的地质学书籍看遍了。下一个月他又放弃地质学而"致力于"考取飞行员执照。曾经有一度,他还梦想着当一名音乐家,想象自己是一名未来的摇滚歌星,他参加了当地一个模仿美国摇滚乐队 Pearl Jam 风格的乐队。这一乐队发展得不错,很快小有名气,但是到处巡回表演的音乐家生活让他感到乏味,

"我不喜欢那样的生活,太单调了,每周有三四个晚上表演完全一样的曲目"。

他绞尽脑汁想着各类可选择的职业。什么样的工作能让他待在家里,陪伴妻子和未来会有的孩子们?并且他能避免又陷进坐办公室的工作环境吗?他想要一种创造性的工作文化,而不是那种会让他想起美国车辆管理局那样枯燥的工作环境。

哈迪斯蒂仔细思考了各种选择,最后发现了一种最适合他的职业:画家!画家可以在家中或工作室进行创作,然后把作品送到画廊,通过画廊把作品卖掉。作为一名画家,哈迪斯蒂就能够多陪伴妻子和未来的孩子们,远离空洞阴沉的办公室环境。这太完美了!

唯一的问题就是,他上一次尝试绘画还是在他8岁的时候。他也并不是在一个强调或重视艺术的家庭里长大的。

尽管如此,那天晚上哈迪斯蒂还是与自己订了一个协议:他每天都要素描或绘画,直到成为一名了不起的画家。

哈迪斯蒂的第一幅素描是一幅自画像。画完之后,他既骄傲又震惊。画出来的人物不太像哈迪斯蒂本人,却更像那古里古怪的大人物拿破仑。尽管这幅自画像水平很一般,但哈迪斯蒂在创作过程中很开心。

为了得到诚实的反馈意见,哈迪斯蒂还特意在一个叫作

"概念艺术"的网络社区上发了一个帖子[5]。他发的第一个帖子名叫"一位绝对菜鸟的创作之旅：油画与素描"，他在其中写道："我从零水平开始学画，我准备每天至少画一幅油画或一幅素描……也许周末画两幅。你们看到这些作品的顺序就是我从2002年9月15日开始绘画的顺序。我向各位敞开心扉，我会把每一幅作品都贴出来，无论画得好坏。"

乔纳森·哈迪斯蒂的作品扫描件。版权所有©2002年、2007年。
（经乔纳森·哈迪斯蒂授权使用）

哈迪斯蒂希望他这么做会得到有益的反馈意见。然而在对创造力感兴趣的人们看来，他这种做法也是一种不寻常的记录，记录了一个人试图学习一项新技能的过程。在接下来的13年里，哈迪斯蒂每天发帖，上传他的最新画作，向他的追随者们更新他的进步。你可以看到哈迪斯蒂在 2002 年最早的素描之一（上页左图），旁边的油画（上页右图）是他在 5 年之后创作的。

不用说，哈迪斯蒂在 13 年的时间里取得了巨大进步。但他是如何做到的呢？许多人把绘画当成一种爱好，画了几十年，但很少有人达到哈迪斯蒂的水平和成就。

那么，哈迪斯蒂是怎么做到这么好的呢？

成为专家

你是如何掌握一门新技术的？

大多数人会说，"练习、练习、再练习"。你也许甚至还听说过"一万小时定律"那个错误的观念（稍后我们将对它进行探讨）。

然而，这些观点都不能给我们一个满意的答案。许多人都长时间练习一种技能，但仍与世界级水平相距甚远。想一下开车这件事。我们许多人都开了几千个小时的车，但没有几个人能成为美国纳斯卡车赛的赛车手。实际上，研究表明，经验丰富与技能高超，二者关系不是很大。一项针对操盘老手的研究发现，平均而言，这些老手在投资方面并不比新手更厉害[6]。另一项研究发现，富有经验的治疗师并不比新入行的治疗师有更突出的诊疗效果[7]。

事实证明，仅仅是花了多少年做某事，也就是积攒了多少经验，与成功相关性不大。还有其他因素在起作用。

研究特长的专家决定以另一种方式来分析这个问题：如果你将一种特定技能领域的高绩效者与低绩效者加以比较会有什么发现呢？这两个群体在如何训练和如何学习方面会有哪些差异呢？

一位研究者比较了顶级短跑选手与一般短跑选手[8]。他发现二者之间不仅存在身体差异，而且存在心智差异。

与一般短跑选手相比，顶级短跑选手关注的是"更密切监督自身内在状态，更注重规划比赛时的跑步表现"。

另一项评估顶级国际象棋棋手的研究得出了类似结论：顶级选手对于关键象棋位置有着更高级的心智模式，这使得他们比一般选手棋下得更好[9]。

这些模式就是心理学家所谓的心智模型，即人脑对于概念或情形的呈现。比如，你对于谈判（谈判双方、来来回回、达成一致）的概念就是一种心智模型。

研究者在所有类型的技能中都发现了心智模型的重要性[10]，在医疗专业人员、电脑程序员、电子游戏玩家等群体里还发现了类似的改进了的心智模型。

那么，如果不是仅凭经验的话，你怎么才能学会这些心智模型呢？

对此，许多人会说出那个毫不费力的答案：才能。他们会告诉你，有些人天生就具备某些才能，而不是后天培养的。这些人不愿亲自尝试，而选择轻松地坐在电视机前观看《美国达人秀》，相信节目里那位嘴里能喷火的 8 岁小男孩天生就具备这种"才能"。

为了探索才能问题，研究者决定看看他们是否能训练普通人完成超人般的事情。

比如，请看下面这串数字，你最多能记住多少个数字？别着急，慢慢来。

38958502582502590501501851009944451510510581195815098195081095810598109581293567

当你觉得已经记住了最多数字时，请将目光转移到别处，回想一下你记住的数字。

上面的数列包含 80 个数字。你能回想起多少个？

4 个？10 个？1 个也没有？

我通常能回想起 6 个。研究者发现，普通大学生一般能回想起 7 个（这让我对自己只能回想起 6 个感到羞愧）。如果你能回想起的比 7 个多，值得表扬。

研究者还发现了令人诧异甚至感到不可能的结果。如果他们使用众所周知的记忆技巧来训练普通大学生的话，那么这些大学生最终都能够记住所有 80 个数字。这项研究已经被重复了许多次。一位研究者是这样总结关于这些记忆技巧的研究的:"最近的文献回顾没有发现任何经过科学证明的证据来反驳这一现象,即受过恰当指导和培训的健康成年人都可以在某些特定类型的记忆任务方面有超常水平的表现。"

显著提高学生记忆力的不是遗传的才能,也不是一万小时的练习(我们稍后将讨论这个经常被提及却不正确的数字),而是训练他们的方式。

一项针对艺术大家的研究发现,大概有一半艺术家从小就是神童,而另一半艺术家"既没有与众不同的童年,在成年之前也未被认为有多杰出"[11]。也许我们不必是天才,也照样能在创造性领域表现突出。我们只不过必须要像天才一样训练自己。

南达科他州:艺术家的天堂

乔纳森·哈迪斯蒂成为大师级画家之路把他带到了一个不寻常的地方:美国南达科他州。

哈迪斯蒂得到了大量来自网上的鼓励。网友 Gekitsu 说:"我觉得他会一直画下去,直到赢得我们每个人的认可。我希望我也有那种精力。"

对哈迪斯蒂而言,他每天都素描或画油画,尽管刚开始他进步很快，但后来停滞不前。自我怀疑情绪开始出现在他的帖子里。2003年5月，他发帖子说："我对自己的无能感到沮丧……我真想放弃……我无法以3D（三维）形式想象出任何东西……我控制不了铅笔或钢笔……我要上床去睡了。"

他需要一种新的学习方式，可是如何找到呢？

他在网上偶然发现了一种叫作艺术家工作室活动的培训活动。这种培训起源于文艺复兴之前的时代，当时艺术家被视为匠人，在作坊里学习艺术[12]。在那个时候，大师级画家招收少量学徒进入他们的工作室，把这些学徒培训得能够完美复制出师傅的作品。

这种模式在文艺复兴期间变得不那么重要了，因为富有的主顾开始资助单个艺术家以及精英学院。然而，到了19世纪，一位名叫让·莱昂·热罗姆的法国艺术家重新启用了作坊模式，并开始在他自己的工作室里训练学生。他指导了大量学生，其中许多位后来都取得了职业生涯的成功。

现代版的作坊模式要求4年的全职学习。这4年当中，学生们每天都要花许多时间进行超现实主义的素描，素描对象包括雕像、一套经典人体素描（巴尔格素描）以及真人模特，最后，涂上黑白颜料。只有到了最后一年，他们才开始练习上基本色。4年在校学习结束后，学生们还将再花上数千个小时提升绘画基本功，使自己的技艺变得炉火纯青。

哈迪斯蒂对这种模式了解得越多，他就越感兴趣。他坚信这种学习方式将教会他绘画基本功。他在网上到处搜索，浏览所有在美国的各种艺术家工作室。最后，他找到了一家看上去非常理想的工作室，老师德高望重，还有空缺名额。不过有一个问题：这家工作室位于南达科他州的苏福尔斯市。

哈迪斯蒂问他太太是否愿意跟他搬到那儿去，她说没问题。不过她的家人持怀疑态度，担心这位女婿将白忙活一场。持这种态度的还不止他太太的家人。网上还有一群人给他发信，觉得工作室这事是个骗局，劝告他别去。

尽管如此，哈迪斯蒂还是收拾了行囊，与他太太一起开车前往南达科他州。

到了南达科他州，在严峻的生活现实面前，身为一名没有收入的艺术家，哈迪斯蒂当初那股激动劲儿很快就消失了。他在当地一家面包房找了份工作，每天从早晨5点开始连续工作8个小时。每天下班之后再去艺术家工作室画画到晚上9点，然后回家睡觉。第二天再重复这一切。

夫妻二人不仅时间不够用，而且钱也不够用。有时当各种账单来的时候，他俩无力支付。哈迪斯蒂记得有一次他们只剩下几美元了。

他们到当地一家食品店买最便宜的食物。吃腻了便宜的碳水化合物,他们想找含有蛋白质的食品。他们在超市里四处转悠,意外发现了一袋小扁豆,不但含有蛋白质,而且价格也不贵——39美分一袋,对于生活拮据的两口子来说是最佳食品。

在接下来的三个星期里,哈迪斯蒂与太太就靠着小扁豆和面包度日,直到后来他们攒了一些钱。那段日子他们差不多把一辈子的小扁豆量都吃了,所以今天哈迪斯蒂再也不愿碰它了。

不管怎样,在南达科他州的那段不堪回首的日子促成了哈迪斯蒂的转变。

改变了哈迪斯蒂的这种训练方法有什么特别之处?

目的明确

你或许已经听说过"一万小时定律",它是马尔科姆·格拉德威尔在他2008年的畅销书《异类》中创造的一个词组。自该书出版以来,"任何人通过一万小时的练习都能成为专家"的理念已经成为工商界和自我改进圈子里的口头禅。根据谷歌,现在有超过14万个网站提及这一理念。

这条定律源自瑞典出生的K. 安德斯·埃里克森教授的研究,他现执教于佛罗里达州立大学,是开发技能研究领域的鼻祖[13]。然而,在埃里克森看来有一个问题:这条定律不够严谨,或者,正如他对我说的,"格拉德威尔误解了我们的论文"。

一万小时定律有两个严重错误。第一个是,它没有提及重要的不是你花了多少小时,而是你如何花这些小时。正如我前面提到的,经验丰富的操盘手和治疗师都未必比新手做得更好。

这其中的原因是,当大多数人一旦取得了一定水平的技能,他们就不再有意识地改进了。想想开车这件事。当你学会开车上下班时,你不会有意在转弯或加速方面加以提高,你对自己目前的技术水平很满意了。刚开始学开车时,你对驾驶的每一个细节都很在意:如何正确转弯、如何减速以避免追尾、如何侧方位停车(这项技术我至今仍然不太娴熟)。当你掌握了这些技术时,你的进步就越来越慢了,也许你自己并没有意识到这一点。然而,随着时间推移,这些技术变得根深蒂固,成为一种潜意识了。开车变成了一种自动行为。

于是,尽管你的驾龄已有数千小时,但是你并没有学习更先进的技术。如果你相信一万小时定律,那么任何有驾照的人最后都能达到赛车手的水平。然而,我的猜测是:尽管你也许已经在开车方面花了一万小时,但你仍然是一名普通司机。埃里克森解释了原因。"自动性是进一步提升你的专长的敌人,"他说,"如果你实现了做事情的自动化,那么你就失去了实际控制你所做事情的能力。"如果你不能控制它,你就不能改进它。

埃里克森的研究表明，单单把一件事重复做一万个小时是不够的，你还必须带着目的去做。这是一种独特类型的练习，你专攻一项小技能，要有明确的目标并伴随反馈机制，比如，在教练指导下练习侧方位停车。反馈应来自老师或有经验的导师。当你掌握了小技能，你就进一步学习更难的技能。

埃里克森针对技艺高超的小提琴家做了一项研究，以此来展现有目的的练习的力量[14]。他发现，所有小提琴家每周都花费几乎同样的时间练琴，但最优秀的小提琴家大部分时间是带着目的练习的。埃里克森给我举了一个例子，来说明学小提琴的学生们是如何进行这种更有效的练习的。老师听完学生拉的曲子之后指出缺点，也许是拉得太快了，也许是拉得太慢了。然后老师就让学生针对节奏进行练习。学生就一遍又一遍地做这些练习，直到老师认为他掌握了这些技巧，学生才继续学习更大难度的技巧。

这种学习方法不仅对音乐学习有效。对国际象棋棋手的研究也发现了类似结果：有目的的练习的小时数是"象棋技术的最佳预测指标"，而不是参加过的比赛的次数。

不带着目的去练习，也就是重复那些你已经知道怎样做的事情，只不过是强化那些已经建好的思维过程。而带着目的去练习能使学生获得全新的思维方式，从而提升他们的能力。

一万小时定律的第二个严重错误是，埃里克森的研究并没有发现即便是带着目的的一万小时练习能使你成为专家。相反，他发现一万小时带着目的的练习只是他所研究的专家们付出的平均时间——有些专家花了不到一万小时，其他专家花了超过一万小时。正如埃里克森向我解释道："这种观点是一种奇怪的想法——你的身体或者你体内的细胞会记录你练习了多少个小时，满了一万小时就会出现一个能改变事情的神奇时钟。"

相反，埃里克森认为，精通一项技能所需付出的小时数因人而异，也因技能而异。比如，要掌握一项不是有太多人追求的技能，成为专家就不需要太多的时间。还记得前面提到的数字记忆研究吗？埃里克森告诉我，不像小提琴演奏者或国际象棋棋手那么多，想成为世界级数字记忆者的人非常少，所以当研究者训练人们提高记忆力时，"他们大概练习400小时之后就能成为世界最强记忆者"。也就是只需一万小时的4%。在埃里克森最初研究数字记忆时，你如果每个周末都练习，一年之后你就可能成为世界冠军，能记住超过80个数字。情况在变化，时至今日，最新的数字记忆的记录是要求你记住超过450个数字——这当然需要花费更长的练习时间才能实现。

另一方面，在某些流行领域，要成为专家所需的时间将远远多于一万小时。埃里克森向我解释道，你看看那些在国际钢琴比赛中获奖的选手，他们在达到参赛水平之前通常需要花费大约

2.5万个小时。

简而言之，精通一项技能需要大量有目的的练习时间，并且具体的时间长度差异很大。不幸的是，并没有多少学习一项技能的行为可供研究，因为大多数专家不愿意费工夫记录自己的练习时长。

虽然不知道一万小时定律这回事，乔纳森·哈迪斯蒂不经意地成为为数不多的进行带有目的的练习并记录时间的例子之一。在艺术家工作室，学生们在4年期间花费大约6 000个小时进行有目的的练习。总体而言，哈迪斯蒂估计在他的正规和非正规训练上，花了远远超过2.5万个小时进行有目的的练习。最终，哈迪斯蒂从一开始自画像画得跟大人物拿破仑似的，到后来能够创作出足以让任何艺术类学生都羡慕不已的油画。

直到今天，哈迪斯蒂还坚持着这种有目的的练习形式。虽然他现在已经是大师级画家了，但他仍然努力提高。他解释道："我的作品中仍有许多不足。我现在仍然像当初刚学画时一样勤奋地工作。"

哈迪斯蒂目前正在钻研画笔效率的技巧，通过控制画笔在画布上的力度，用尽可能少的笔触来创造出相应效果。为了提高这项技巧，哈迪斯蒂采取了一种有目的练习的方法。他解释道："每次画完画都剩下一点儿颜料，我就用它在一小块儿画布上画一笔。然后我再试着一模一样地复制这一笔,甚至复制出这一笔的随意性。这需要适量的颜料,也需要适度的压力。就像医生做手术一样要求精准。"

今天,哈迪斯蒂创立了自己的在线工作室——古典艺术在线,向那些不想或者没钱搬到南达科他州学习4年的人提供这种教学方法[15]。

哈迪斯蒂还把他对学习的热爱运用于掌握一项新技能。他现在把自由时间都投入一种不同形式的工作室:柔道馆。

实际上,哈迪斯蒂已经成为学习过程的热爱者,"再从头开始学习一样东西真有趣"。

他的新目标?在他膝盖还吃得消的情况下,争取参加一次综合格斗比赛。

与他当初决定到南达科他州学绘画的想法一样,这次又有一些人对他这个新想法持怀疑态度。哈迪斯蒂笑着告诉我:"我太太嘲笑我的想法,她说,'你不是格斗那块料'。我也就应付说,'好吧,亲爱的'。"

当我们结束采访时,哈迪斯蒂谈到他很快就要参加自己的第一次校内综合格斗比赛。我毫不怀疑不久之后他将出现在综合格斗比赛的赛场上。

塑料制成的

问题仍然是：为什么有目的的练习能起作用？为了寻求答案，我将注意力转向一个你没想过的人群：出租车司机。

索尔是一位伦敦出租车司机[16]。他开着一辆著名的有凸起顶篷的黑色出租车（这是在网约车问世之前）。他整天开着车行驶在伦敦的大街小巷，把乘客送到目的地。有些目的地他去过多次，比如飞机场；而还有些地方则是他从未去过的，比如一位乘客的母亲居住的偏僻街区。于是，像大多数伦敦出租车司机一样，索尔也发展出了一种敏锐的导航能力。

一天，索尔在报纸上看到了一则广告，邀请出租车司机参与一项神经学研究。于是他报名参加了。

很快索尔就到了伦敦大学学院研究者的办公室。研究者将扫描出租车司机的大脑，看看长年累月驾驶出租车是否对他们的大脑造成了重要改变。

与其他18名伦敦出租车司机一起，索尔同意参加这项研究并完成了一系列测验。他回答了关于他个人信仰、价值观及个人经历等许多问题。

一台核磁共振成像机器可以帮助研究者观察人的大脑结构。当研究者对出租车司机的大脑进行核磁共振成像扫描时，他们有了某种意外的发现——这些出租车司机大脑中的海马区都被放大了。人脑的这部分区域是负责理解我们所处的空间位置并且帮助我们导航的。比如，当我们借助一棵大树或纪念碑等路标来判断回家的路时，大脑后海马区就被激活起作用了。

简言之，出租车司机的大脑结构发生了一定变化，使他们更容易辨别伦敦的大街小巷。

这就产生了一个显而易见的问题：索尔的大脑天生就是那样的构造，从而促使他决定从事出租车司机这一行业的，还是出租车司机这一职业在某种程度上改变了索尔的大脑结构？

为了回答这一问题，研究者将出租车司机的大脑与另一组职业群体的大脑做了比较，该职业群体也整天开车行驶在伦敦：公交车司机。

在控制其他变量之后，研究者发现，公交车司机的大脑没有出现海马区的增大。原因何在呢？因为公交车司机日复一日行驶于同样的路线，而出租车司机则经常要开往不同的甚至是不熟悉的目的地。简单地说，出租车司机参与了一种与导航相关的有目的的练习。根据乘客上车后给出的指示，出租车司机必须盘算出如何到达目的地（那个时候出租车都还没安装全球定位系统），过不久他们就会得到乘客积极或消极的反馈，这取决于他们是否能及时有效地到达目的地。

这种有目的的长期练习真的改变了出租车司机的大脑结构。

另一项证据也支持了同样的结论。对不同驾龄的出租车司机进行的测验结果显示，他们大脑后海马区的增大幅度取决于他们的驾龄——在伦敦街道上行驶的经验越丰富，他们的后海马区就越大。

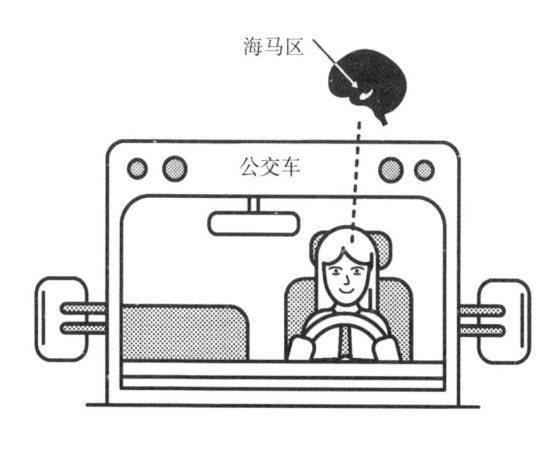

类似的相关性也发现于其他技能当中。研究显示，音乐家、能说两种语言的人，甚至玩戏法、杂耍的人随着经年累月的练习与学习，他们的大脑结构也发生了改变[17]。

我们大脑的生理机能适应外部环境和体验，这一概念被称为大脑可塑性。

实际上，即便短期的训练体验也能影响大脑结构。一项研究发现，就连短期词汇学习这样简单的训练课程也能影响大脑结构[18]。另一项研究发现，对老年人进行的10堂60分钟的计算机培训课程对他们的大脑有显著影响，一直可以持续到10年之后[19]。

然而，这是怎么实现的呢？

为了找出答案，我请教了乔伊斯·谢弗，她是华盛顿大学的一位科学家，是研究大脑可塑性的专家[20]。她相信这背后的一条潜在机制是神经再生，也就是不断产生新的脑细胞。有一项研究表明，男人和女人每天都产生超过1 400个新的脑细胞[21]。

一旦新脑细胞产生，它们要花8周时间才能成熟。其间，这些新脑细胞将迁移到大脑最活跃的区域。如果你是位出租车司机，在伦敦不断穿梭，那么这些新脑细胞就会加入你大脑中控制导航技能的部分。这样一来，你的大脑就开始适应你正在掌握的技能了。正如谢弗所言，"你能够影响新脑细胞的职业选择"。

而且，假如你不用新鲜体验来挑战这些脑细胞，它们就有相继死去的风险。

换言之，学习能使我们大脑催生新脑细胞。这些新脑细胞与被激活的大脑区域联系在一起。谢弗指出："我们完全低估了我们对大脑的改进能力，包括改进它的化学组成、内部结构以及功能表现。"

在研究者控制了其他变量之后，他们经常发现某一特定领域的专家在他们生命早期并没有显露出任何特殊能力。相反，会发生两种情况。一种情况是，小孩子能从某项活动中学会另一种技能。比如，你教过你 5 岁的儿子如何玩垒球，等到他 7 岁时，他就积累了大量跑步方面的经验，有的家长就容易错误地认为孩子先天就具备跑步才能。

另一种情况是，大多数家长都会很自然地告诉自己的孩子他们特别擅长哪样事物，即便这孩子其实在这方面表现平平。这样就建立了一个正反馈环——孩子愿意花更多的时间练习那项技能，因此也能获得越来越多的积极反馈。许多年之后，孩子就发展出了相应的非凡的能力。

另一项研究展现了当你挖掘他们的背景时，"与同龄人相比，顶级运动员和其他优秀表现者的发展过程与他人不同。这些人很早就开始在监督下训练，并且能接触到最优秀的老师和训练环境"。

简言之，研究表明，出众的才能并非总是优秀基因的结果，而是大量结构化和有目的的练习的结果。虽然天才这一观念来自刘易斯·特曼对智商测试的普及化，但自那之后的研究揭示了各种不同背景的人都具备比他们自己意识到的更多的创造力，并且对于具有普通智商或者更高智商的人来说，智商与创造力无关。

如果科学告诉我们创造性天才是一种可以习得的技能，并且有目的的训练能彻底提升我们的技能水平，那么我们能借助有目的的训练来变得更具创造性吗？

答案是肯定的。但是要了解如何做到这一点，我们首先需要了解社会是如何界定某件事情是"有创造性的"或者谁是"天才"。

第 5 章　何谓天才

查尔斯·达尔文有些惴惴不安[1]。这位年长且富有的博物学家再次阅读了一位年轻科学家的来信。他知道这位名叫阿尔弗雷德·华莱士的年轻人出身卑微，只接受过 6 年的正式教育，而且其就读的学校地处英格兰南部以农业为主的赫特福德郡，只有一间教室。

达尔文自己 22 岁就被誉为一位"绅士型博物学家"，从此开始了科学生涯。他的父亲是一位医生，他的祖父辈里还有一个人写了《动物法则》，出版于生物学领域发展早期。达尔文家境殷实，并且受过良好教育。他后来进入大学，与思想进步的知识分子接触，受益良多，其中许多人对 19 世纪僵化的科学规范提出了质疑。

然而，我们将要看到，此刻华莱士占据了上风。

达尔文从大学毕业之后，他的一位教授推荐他以博物学家的身份登上英国皇家海军舰艇"贝格尔号"，随船航行到南美洲。

渴望冒险的达尔文积极申请并获得通过。

接下来的5年里,达尔文乘着"贝格尔号"周游世界[2]。他大部分时间都用于详细记录日记。他的海洋之旅间或有几个星期或几个月是在陆地上的,使他得以探寻美丽的南美洲自然环境。

有一次,达尔文登陆了加拉帕戈斯群岛,他发现那里的嘲鸫之间存在很多差异,他意识到这些差异取决于嘲鸫栖息的不同岛屿。根据传说,达尔文在思考这些嘲鸫的时候突然顿悟,那一刻他的自然选择理论就灵光闪现了!至少那是我在上8年级(相当于国内初二)的科学课时老师教给我的,而且美国不知多少代的中学生都是被这样教育的。

然而,事实是,达尔文仅仅注意到了有着不同特征的嘲鸫,他当时的反应仅仅就是惊奇而已,并没有灵光闪现,理解为何存在这些差异,也没有激动人心的新发现。至于他对自然选择概念的发展,那是过了好几年之后才实现的。

返回英国之后,达尔文辛勤笔耕,把他的航行日记整理成了一本书——《"贝格尔号"航行日记》。该书于1839年出版,使达尔文一夜成名,仿佛是19世纪的奈尔·德葛拉司·泰森[1]。这本书引发了世人对达尔文带回来的各类标本的强烈兴趣。达尔文在

---

[1] 奈尔·德葛拉司·泰森:美国知名天文学家。在其提议下,冥王星被划出太阳系行星之列。——编者注

书中向读者讲述了他所经历的各种冒险故事，令读者心动不已，他自己的声望也与日俱增。

直到1842年，达尔文才开始整理他的自然选择理论。他对自己收集的标本思考多年，最后得出革命性结论。但有一个问题。彼时达尔文已经是科学界一位颇受尊重的人物了，他同时是阿西纳姆俱乐部（知名绅士俱乐部）和英国皇家学会的会员，前者是许多人梦寐以求加入的私人学会，后者是他那个时代最顶尖的科学学会。尽管达尔文本身性格叛逆，但是他享受自己在科学界的地位带给他的声望和财富。并且他知道，一旦他把他的最新理论公开，他就会被视为异教徒，甚至被整个社会排斥。因为在当时，科学是从属于宗教的。进化论意味着不是上帝在突然间创造了地球上的生物。

达尔文一直对他的理论保持沉默，虽然在那些年当中他曾谨慎地向几位朋友提及。到了19世纪50年代，达尔文的朋友们鼓励他把自己的理论发表出来。于是，达尔文开始著书立说。他隐居于乡村住所，在身体健康欠佳的情况下，把时间和有限的精力都花在了写作上。

1858年6月18日，一封来自阿尔弗雷德·华莱士的长达9页的信寄到了达尔文手中[3]。

华莱士的最初职业是土地测量员，从中他学会了观察和记录细节。他在 1848 年失业之后，决定作为博物学家无偿前往巴西考察。

从巴西回来之后，华莱士发表了他的考察发现，并在科学圈子里赢得了一小批追随者[4]。这点小名气使得华莱士获得了资助，可以进行一次路线更长、规模更大的远征：用 8 年时间航行考察菲律宾和印度尼西亚两国境内的岛屿。

在那次考察中，华莱士得出了一个结论：某些物种的数量激增将最终导致过度拥挤和适者生存——这也就是自然选择的基础。这一结论让华莱士兴奋不已，但他也知道需要得到其他科学家的肯定。

华莱士是通过职业关系认识达尔文的。许多年来他们之间一直保持通信，华莱士甚至还给达尔文寄去了几个自己收集的标本。他决定把自己关于物种起源的想法写信告诉达尔文，毕竟达尔文知名度更高，而且也许能为他提供宝贵的意见。

当华莱士的信寄到达尔文手中时，这位年长的科学家关于自然选择的书已经写完 25 万字了。但还没有全部写完，达尔文立意要把它写得翔实、丰富，无人能否认书中的观点。但在达尔文打开华莱士来信的一刹那，他立刻意识到他的伟大发现处于危险之中了。达尔文一方面担心他的名誉受到影响，另一方面又不愿违背维多利亚时代的绅士规则，于是他把自己的研究成果连同华莱士的信一起寄给了其他几位知名的科学家朋友，征询他们的意见。

那些科学家想出了一个"折中的办法"：建议达尔文与华莱士联合向著名的科学学会——林奈学会提交一篇融合了二人思想的关于自然选择的论文。不过问题是，华莱士从未同意这个折中的办法，因为他本人当时正在遥远的太平洋某地，根本联系不上。

达尔文与华莱士经历了学术界所谓的"同步发明"，即两个人或几个人独自得出了非常一致的发现或结论[5]。人类历史上不乏同步发明的例子。约瑟夫·斯旺与托马斯·爱迪生在1880年共同获得了白炽灯泡的发明专利，伊莱沙·格雷与亚历山大·贝尔更是在同一天申请了电话的专利：1876年2月14日。

在发现自然选择这个例子中，情况更为复杂。不仅华莱士与达尔文在同一时间发现了自然选择的现象，而且早在几千年之前就有古希腊哲学家描述了类似自然选择的现象。出生于公元前99年的古罗马诗人和哲学家卢克莱修写过许多诗篇，其中有一篇就描述了适者生存这一自然选择的关键因素：

在怪物死去的岁月里，
许多无法繁衍后代的家畜必然丧生。

> 你所看到的任何生物
> 得以享受生命的呼吸
> 全在于它们从最早的时期存活下来
> 无论通过狡猾还是勇敢，或者至少
> 通过奔跑速度或飞行速度
> 许多家畜得以存活
> 是因为对人类有用……[6]

所有这些都说明，差不多比达尔文和华莱士早2 000多年就有古希腊人提出了自然选择理论的雏形，正如达尔文在他著作的前言中承认道："如果说自然选择的法则是一个现代发现，那就远离了事实真相。我可以举出若干古代参考文献，其中该法则的重要性得到全面承认……早有一些古罗马的古典作家写下了明确而详尽的规则。"[7]

历史充满了同步发明。然而，就像大多数情况一样，自然选择理论的创造者中只有一位被世人当作天才记住了。

构建天才

达尔文去世后，他享受了国葬待遇并葬于威斯敏斯特大教堂。当华莱士去世时，虽然也下葬于威斯敏斯特大教堂，但他的生平只记录在一块小饰板上。尽管他们二人都发现了自然选择理论，然而华莱士几乎被世人淡忘。最近英国自然历史博物馆费了很大气力筹款为华莱士建一座雕像，达尔文却是每一位学童都熟知的名字。达尔文是怎样获得了天才的地位呢？

这个问题的部分答案在于华莱士没有做的事情。当达尔文奋笔疾书时，华莱士继续在太平洋探索岛屿。达尔文在1859年出版了他的鸿篇巨著，而3年之后华莱士才结束远洋考察归来。达尔文的作品赢得了大众关注，巩固了他的名气。

华莱士归来后，把大部分时间和精力花在了进步政治方面。他是一个积极的女权主义者，并且公开反对优生学。不幸的是，这么做使得华莱士丧失了在科学界的地位，并且有些科学家把他视为局外人。

除此之外，华莱士还以一种荒诞的方式遵从于达尔文。在写他自己的关于自然选择的书时，华莱士甚至以他的对手的名字来命名这本书（《达尔文主义：对自然选择理论的一种阐述及其应用》）。对此，一位研究达尔文的历史学家在一次访谈中解释道："华莱士对于自己能被看成这一重大发现的合伙人感到很高兴，尽管是被看作资历浅的合伙人。这似乎已经超出了他原本的期望，因此他乐于接受这样的结果。"[8]

即便如此，达尔文与华莱士的故事指出了对于我们理解创造力很关键的一点——天才远不是一种客观的标签,这一点也许让我们感到诧异。一个人要被视为创造性天才,他的创新必须得被社会大众接受。一位能写非常精彩的小说的作家,如果作品无法出版的话,那他就不会被历史记住;一位不善于自我宣传的谦虚的科学家很快就会被人遗忘。

事实上,当人们谈论创造力时,他们谈论的通常是一件被广为采纳或接受的创造性作品(想一想乔布斯或毕加索)。当然,这不同于想出新点子的能力。

换言之,一个人的工作必须要被其他人接受,才能获得创造性的标签;必须要被庞大人群接受,其创作者才会被冠以创造性天才的名号。

这样看来,创造性天才是一种社会现象,而不仅仅反映任何一个人多么富有创新力、思想多么前卫或者多么富有影响力。

站在山巅

我青少年时期住在罗马的贾尼科洛山上,俯瞰米开朗琪罗的伟大穹顶。其间,我的父亲,一位令人敬畏的业余艺术史学家,非要指给我看四周繁荣的文艺复兴作品。我虽然相信他的话,但我必须承认这些伟大作品都不怎么打动我。它们中的一些的确透露出一种不可思议的安静感；另一些传递了一种了不起的权力感，或是一种难以言传的激动。但是创造力呢？在我看来，这些西方艺术的重大成就看上去都同样的衰老陈旧，把它们想成创新之作似乎是一种愚蠢的风俗。[9]

上面这些话回应了也许我们每个人在某一刻都曾有过的感觉，并且或许至今仍有这种感觉。或许童年时你被爸爸妈妈拖到艺术博物馆，或许中学时参加了一次雄心勃勃的博物馆现场考察。你站在一幅油画前，感到困惑——为什么把它摆在博物馆里？它看上去并不与众不同啊。或者也许你看到一幅抽象艺术作品，不禁自忖："这个连我也能画出来呀。"

上述那段话出自米哈里·契克森米哈赖教授之手，他的知名度一是来自他写的畅销书《心流》，该书使"融入心流"的理念广为人知；二是来自他所做的同主题的TED演讲，该演讲迄今已被在线观看了400多万次。身为研究创造力历史的学者，他也提供了事物是如何被称为"创造性"的最完整的解释之一[10]。

契克森米哈赖看上去就像一位饱经沧桑的圣诞老人，浑身流露出的不是欢笑而是让人安心的禅一般的品质[11]。实际上，他可以成为圣诞老人的教授表弟了。在我与他的访谈中,他向我解释了创造力这一社会现象的关键因素。

契克森米哈赖认为创造力非常难以识别,并且举了一个例子:"一个不寻常的非洲面具看上去像是创造性天才的作品,但我们立刻意识到同样的面具几个世纪以来都是以完全一样的方式雕刻出来的。"

某件东西是如何被贴上创造性的标签的呢?契克森米哈赖说有三种元素共同创造了这一标签。

元素一:主题

首先,要存在一种契克森米哈赖所谓的"领域",或者我称之为主题。在大部分环境中,这些主题是被视为标准的规则、实践,以及先前的创造性产出。比如,如果我们谈论天主教,契克森米哈赖告诉我,那么这个主题就包括"《新约》《旧约》,以及教会神职人员的主要贡献",同时也包括"一个天主教徒、一个基督教徒为了获得拯救而必须遵循的责任"。

或者考虑一下古典音乐的谱曲工作。此时,主题包括音符本身、以往成功的交响乐的例子,以及作曲的标准。任何"创造性"古典音乐作曲家都需要熟悉这一切。为了创造出新颖的东西,你必须知道已经存在的。

显然，这给那些想被承认是创造性个体的人设置了一道障碍。首先，他们必须要学习本行业的标准和规则（我将在接下来的章节里解释他们如何做到这一点）。其次，他们的作品必须要成为这种规范主题的一部分。比如，如果你是一位画家，那么你的作品必须被有名气的画廊、博物馆收藏或被收进课本。否则，你的作品就不太可能被认为是创造性的，而只会被认为是新的和/或实验性的。

时机掌握也很重要。两幅在不同时代创作的油画可能会产生完全不同的结果。假如安迪·沃霍尔是在意大利文艺复兴时代绘制他的流行艺术作品，那他就很有可能被视为异教徒。假如达·芬奇在流行艺术时代画了一幅古典作品，他会被认为虽然技术精确，但所创造的艺术过时了——有趣，但几乎谈不上是"创造性的"或革命性的。那种艺术领域早在几百年前就已经被颠覆了。为使你的作品以及你自己被冠以**"创造性"**的名号，时机尤为重要。在接下来的章节中，我会解释你如何学会掌握潮流的时机来为自己获得优势。

对主题的彻底了解使得每个人都能理解自身所在环境的基础，但是你如何能使自己的作品成为主题的**一部分**呢？

元素二：看门人

契克森米哈赖把那些决定什么是构成一种创造力的主题的

人称为"场地",我则用"看门人"这个词来表示。这些**看门人**能够决定什么是创造性的和有价值的,什么没有价值。在艺术领域,看门人包括画廊主、艺术评论家、博物馆馆长;在流行音乐领域,看门人是指经纪人、制片人、唱片公司负责人;对饭店而言,看门人是美食评论者、其他饭店的大厨,以及时至今日可以借助 App 点评的顾客。

如果你是一名从未引起看门人关注的画家,那么很不幸,你就只是一位渴望成为画家的人,而不是一位创造性天才。不管是好是坏,看门人决定着什么有价值、什么会被认为是创造性的。

由于这个原因,看门人对创造性人才而言是众所周知的难关。契克森米哈赖向我解释道,通常某一行业的看门人不想"创造性地洗礼"任何新人。比如,在初创企业的圈子里,风投资本也许认为已经有太多版本的 Uber 或 Lyft 网约车,因此拒绝投资一家刚成立的网约车公司。即便一家初创企业有潜力成长为 Uber 的竞争对手,但是也可能无法筹到参与竞争所需的资金。

如果你不能吸引看门人的注意,那么即便你非常具备"原创性"并且"技术上很娴熟",你仍然不会被认为是有创造力的。正如契克森米哈赖所指出的,在古代,一个画家的地位是由国王和主教任意决定的。今天,看门人的群体变得非常大,互联网创造了一个更加民主的、不那么严厉的看门人群体。比如,我们看一下浪漫小说这个圈子。

克里斯汀·阿什利是自出版的女王之一。迄今她已经出版了57本书，卖了250多万册。她是世界上最多产的浪漫小说家之一，而且是电子书改变浪漫小说出版的典型代表。

浪漫小说传统上一直有它自身的看门人——传统出版商——来阻止某些书籍被印刷出版。这就不可避免地减慢了新声音和新话题的成长速度。但到了2007年，亚马逊推出了Kindle（电子书阅读器）直接出版平台。这一程序便于作家自己在线出版，并且每卖出1册书，亚马逊就分给作家70%的版税。

几乎是一夜之间，整个浪漫小说类型书籍的出版发生了变化。现在任何作家都能在线出版。截至2013年，61%的浪漫小说销量都来自电子书。整个市场变成数字化了。

这就意味着像克里斯汀·阿什利那些被传统出版业看门人冷落的作家终于可以发出自己的声音了。突然之间，浪漫小说中的次生代开始崭露头角了，比如，关于同性恋和变性者人群的浪漫小说。正如克里斯汀·阿什利向我解释的："跟随眼下这种自出版热潮，这些人也开始讲述他们自己的故事。这些书展现了大量的女性意识觉醒。"

尽管互联网改变了看门人的形式，然而促进创造力还需要一个重要的成分：经济繁荣。如果消费者没有可支配的时间和收入，他们就不会花时间去艺术画廊观赏、买书或买唱片。大学和研究团队都需要获得经费才能进行新的研究，音乐家也需要愿意花钱听音乐和参加音乐会的观众。不言而喻，一个国家的物质财富及其国民的经济信心，是提升创造力的要素。

因此，只有经济增长，创造力才能繁荣。意大利的文艺复兴不仅是艺术上的黄金时代，也是意大利经济的黄金时代，因为像美第奇家族那样富有的家族掌握了权力。从那以后，就不仅仅只有皇室和教会能够资助新艺术了，商人们发现自己也有钱可支配了。

元素三：个人

创造力的第三个重要元素是**个人**。尽管大多数关于创造力的文献都聚焦于个人，但没有人是生活在真空里的。首先，无论从事什么职业，创造者需要生活在一个经济发展支持他们努力的地方。其次，他们需要知道如何创造出符合时代精神的作品，所以不言而喻，他们也要掌握某项技术。最后，他们必须成功联系上自己所在行业的看门人，并说服看门人认可自己为创造性人才。

契克森米哈赖认为，个人不仅需要具备某项才能，而且也需要踏实地与媒体、消费者及看门人打交道。成功的艺术家也是一位有说服力的销售员，能够成功推销自己的品牌。你必须能够激起他人兴趣，并且吸引他人注意，这一点与那种喜欢隐居并且脾气火爆的艺术家的观念相违背。

契克森米哈赖曾进行过一次著名的研究，他对艺术类学生进行了测验和参访，并在随后几年中跟踪调查了学生们的职业发展状况。结果发现，那些在校期间最被看好的学生符合那种睥睨天下并且神经兮兮的天才的形象，他们在毕业之后步入真实的艺术世界，却事业不顺，因为他们不懂得推销自己和自己的作品。

契克森米哈赖写道："那些能够在艺术世界留下印记的年轻艺术家，除了具备艺术原创性之外，更具备把自己的愿景传递给大众的沟通能力。他们经常运用相关的公关技巧，而这些技巧在纯粹的艺术院校氛围里是被嗤之以鼻的。"

个人拥有的资源对于取得成功也发挥着看不见的重要作用。如果你接受的是私立教育，那么你就更有机会上一所能接触到未来看门人的好大学。如果你的家庭有钱供你上小提琴课，那么你成为世界级小提琴手的可能性就更大。提前学习一些课程有助于你开发某种兴趣和技能，同时也比其他学生多具备了一种优势，这种优势会随着时间的推移而更加明显。

个人也必须为整个体系所接受。如果你是一名局外人，或者在某种意义上被边缘化了，那么一般来说你就更难以接触到看门人。契克森米哈赖发现，在校期间，男女学生的创造力水平是一样的。但是20年之后，当年的女学生中没有一个特别出名，而许多当年的男学生都功成名就。正如契克森米哈赖所写的："直到最近，主要的科学进步都是由那些既有财力又有闲暇的男人实现的——像哥白尼那样的神职人员、像拉瓦锡那样的税收人员、像加尔瓦尼那样的内科医生，这些男人都有财力建造自己的实验室并且专注于思考。"

结果就是，当你研究创造性天才的历史时，你就会发现这些人的共同点：有机会学习正确的技能、有时间掌握这些技能、有能力说服其他人认可他们的工作是有价值的。这些都有助于看门人接受他们的作品，并把它纳入主流群体所认可的具有创造力的作品范畴之中。

所有这些元素——主题、看门人、个人——都必须聚合在一起才能使一个人或其作品得到"创造性的"标签。契克森米哈赖

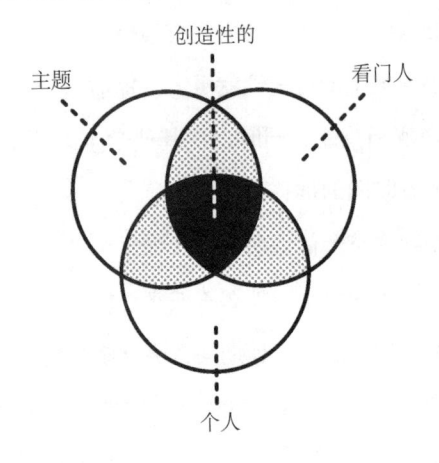

在他的书中这样总结道:"原创性、观点的新颖性,以及发散性思考的能力,这些本身都非常好,都是值得称道的个人特质。但是如果没有得到某种形式的公众认可,它们就无法构成创造力,更谈不上天才了。"

上述一切都不过是在拐弯抹角地提醒我们:创造力与天才都是**社会现象**。正如我们已经了解的,只要接受正确的训练,大多数人都能学会创造高品质作品所需要的技能,就像乔纳森·哈迪斯蒂所做到的那样。然而,单靠训练还不能使一个人的作品"具有创造性",也不能使他登上艺术家的神殿。他还必须得到公众认可,而得到认可的关键因素是**掌握时机**。你需要在既具备资源又得到看门人兴趣的时刻创造出作品。因此,除了提高你的推销技巧并使自己融入一个支持你创造力的环境之中,你还需要在正确的时间有正确的想法。

假如保罗·麦卡特尼是在1885年创作出《昨天》的,那么估计不会引起什么反响,因为与时代风气太不一致了。假如J. K. 罗琳是在1650年创作的《哈利·波特》,那么估计不会有人阅读,而且她还有可能被烧死。

如果掌握时机至关重要,那我们能学会吗?有没有什么方法能让我们通过有目的的练习来增强掌握时机的能力呢?

也许出乎你的意料,答案是肯定的。

第 6 章　创造力曲线

想一下你听说过的最有名气的莉莎。

你想到了哪些人？

"猫王"的女儿莉莎·玛丽·普雷斯利？情景喜剧《老友记》的菲比的扮演者莉莎·库卓？情景喜剧《考斯比秀》的丹尼丝的扮演者莉莎·博内特？也许是喜剧演员莉莎·兰帕内利？

这个问题我问过很多人——从青少年到《财富》500强企业的高管，得到的回答通常都是上述答案之一。（动画片《辛普森一家》里的莉莎就不算了。）

我所提到的这些莉莎都有一个共同点：她们都出生在20世纪60年代。

根据美国社会保障总署的统计，莉莎是美国20世纪60年代新生女婴最常用的名字——似乎突然之间所有新生女婴的父母都管他们的心头宝贝叫作莉莎[1]。

几十年过去了，莉莎这个名字也不再那么受欢迎了。截至

2016年，莉莎在美国名字流行排行榜上已跌落至第833位。这一年，全美国只有342名新生女婴以莉莎命名。

以至《纽约时报》杂志刊登了一篇文章，标题是"那些叫莉莎的人都去哪儿了"[2]。

这一现象不单单体现在莉莎这一个名字上。

事实上研究表明，对于某个名字的流行度经常存在着一个钟形曲线，该曲线勾勒出了这个名字何时受到人们喜爱、何时达到流行顶峰、何时逐渐淡出。

为什么所有事物——不仅仅是名字——都会经历从流行到淡出的过程呢？

充分接触

二战期间，罗伯特·扎荣茨从德国的一个集中营逃出来，被抓回来之后，他被送到法国的一个监狱，在那儿他再次逃跑，后来加入了法国抵抗运动组织[3]。

然而，与其说这是一个越狱专家的故事，倒不如说是一位世界著名社会心理学家的经历。二战之后，满怀信心的扎荣茨决定研究心理学，他最终获得了美国密歇根大学的博士学位，随后致力于理解什么驱动着人类行为，并在这方面发表了许多基础性研究成果。

1968年,扎荣茨在密歇根大学进行了一项重要实验[4]。他招募了一些大学生,告诉他们将参与一项关于语言学习的实验。但其实这是他真实意图的一种掩饰。

首先,扎荣茨向被试展示了一些伪造的汉字,他宣称这些字代表着各种形容词。其次,扎荣茨以不同频率向被试展示每一个汉字——有些字他只展示1次,另一些则多达25次。最后,扎荣茨让每位被试都猜一猜每个汉字所代表的形容词是积极的还是消极的(也就是说,这个词是代表好的特点还是坏的特点),并问他们对每个词的"喜欢"程度。

这其中的奥秘在于,扎荣茨向被试展示的这些汉字没有任何意思,因为它们都是被编造出来的。然而,扎荣茨由此得到的结论却对我们理解人的趣味和偏好有着重大影响。扎荣茨发现,人

们对某物的熟悉程度与他们对它的积极想法、对它的喜欢程度之间存在着一种近乎无缝隙的线性关系。因此,一个人看某个伪造的汉字的次数越多,就越喜欢这个字。

换言之,单纯多接触某个汉字,就能使被试更积极地看待它。扎荣茨把这种现象称作"纯粹接触效应",后来他的这一研究发现在众多领域都得到充分验证,从毫无意义的词汇(是的,这实际上是一个学术术语)到艺术领域以及广告领域。某件东西越为我们所熟悉,我们就越喜欢它。

如果我们看某样东西的次数越多,我们就越喜欢它,那么我们如何能利用这一点来创造流行事物呢?这一点我将在接下来的篇幅中深入探讨。但是首先我要了解纯粹接触效应背后的机理所在。为了解答这一问题,我请教了弗吉尼亚大学专门研究该效应的学者,该学者选择了一个更为严肃的研究情境:种族主义。

种族主义的学习潜力

种族主义经常被视为无解。

美国曾为废除奴隶制而浴血奋战,并且100多年之后的20世纪60年代,仍有几十万民众走上街头游行,抗议制度化的种族主义。然而时至今日,种族主义仍然是全球对话的一部分。从结构性种族主义到含蓄的成见再到露骨的偏见,全世界的各种社会形态都无法祛除种族主义。

但是如果神经科学能够——就算不是有助于减少种族主义——至少可以帮助我们更好地理解种族主义呢?

美国布兰迪斯大学的两位研究人员莱斯利·泽布维兹和张怡(音)想了解一下扎荣茨提出的纯粹接触效应是否也能应用在基于种族的成见方面——如果给被试一遍又一遍地看其他种族的人的面孔,那将会出现什么样的结果[5]?

两位研究者关注的是与人类大脑中奖励系统相关的眶额皮层,该皮层驱动着两种不同的反射作用,帮助大脑在我们采取行动之前评估自身所处的情况。具体而言,眶额皮层就是提示我们:到底是接近某人、某地、某物,还是统统回避他们——哪种反应更有利于自己?

首先,我们来看一下接近式反射作用,该反射可以通过观察我们大脑的内侧眶额皮层来进行测量。当大脑的这个区域被激活时,你的运动系统就会鼓励你去与某人或某物互动,正如张怡所说,"就像在赌博时,当你开始赢钱了,你的内侧眶额皮层就是最活跃的区域,因为它记录了正面的鼓励"。其次,我们来看一下回避式反射作用,该反射可以通过观察我们大脑的外侧眶额皮层来进行测量。当这个区域被激活时,大脑就会告诉我们的身体逃跑以躲避可能的负面结果。对此,张怡还是借助刚才提到的关于赌博的例子:"当你开始输钱了,你的外侧眶额皮层就变得更加活跃起来,因为这时你对周边氛围感觉不好。"

然而,此处研究的具体问题是:纯粹接触效应是如何起作用的?当我们一而再再而三地接触某样事物时,到底是我们的接近式反射增强了,还是我们的回避式反射减弱了?或者用张怡的话说就是,"这是因为我们对这些刺激感觉更好,还是因为我们对这些刺激感觉不那么坏?"

为了找出问题的答案,张怡与她的研究团队对16位白人男子和16位白人女子做了功能性磁共振成像[6]。功能性磁共振成像机区别于磁共振成像机的地方在于,前者通过测量血流可以让科学家探测人脑活动,能够显示出大脑哪个区域活跃;而传统的磁共振成像机只能显示出大脑各个区域的大小。首先,这项实验的每个被试都按要求浏览了大量图片,包括黑人的脸、朝鲜人的脸、汉字、随机形状。这些图片展现给被试的次数不等——有的从未展现,有的多次展现。

接下来,研究人员把被试送入功能性磁共振成像机,让他们看40张之前从未看过的新图片和20张之前看过的旧图片。这样做的目的就是看看大脑的哪一区域会做出反应以及如何反应。

科学家们发现,当看到那些新图片,也就是那些不熟悉的图片时,被试大脑中的回避式反射就被激活了。简言之,人们害怕未知事物。不光是对脸孔这样，就连对不熟悉的图形和汉字也会出现同样的反应。

人类似乎进化得惧怕未知事物，因为未知事物传递了潜在的危险信号。假如早期洞穴人发现树林里有一种不熟悉的红色蜥蜴，他们也许禁不住诱惑吃掉它。但是几千年下来，进化已经指导我们的大脑释放出回避信号，因为那种蜥蜴可能是有毒的。所以今天我们一看见某种不熟悉的蜥蜴就会触发回避式反射，促使我们想迅速跑回营地而不是吃掉这种红色的爬行动物。

然而，对事物有一点**熟悉**就能减少这种回避情绪。当被试再次看到已经看过的脸孔、形状和汉字时，他们的回避式反射就显著减少了。我们越多接触某样东西，我们就越少害怕它。

张怡还观察到另一个令人诧异的效果。"我们发现，一旦被试看过一张典型的朝鲜人脸孔之后，他们对于该种族的其他人的脸孔就不怎么持有抵触情绪了。"

熟悉显然能够减少基于种族的偏见。

这是为什么我们通常很享受待在自己家中的一个原因。熟悉的人和物让我们感到安全。虽然我们也许不太喜欢祖母传下来的那把旧椅子——坐上去不那么舒服，而且早就该更换弹簧和椅罩了，但单是把它摆在那里就让我们觉得舒服。

再回到先前提到的那个观点。假如熟悉滋生舒适是真的，那么为什么莉莎这个名字随着时间的推移而不再流行了呢？为什么没有越来越多的父母把他们的女儿取名为莉莎，直到有一天我们醒来发现生活在莉莎国了呢？

Love Kills Slowly

唐·埃德·哈迪最初是一位文身艺术家，1977年他在旧金山开了一家名叫文身城的工作室，他最著名的手艺就是把源于日本的图案设计文在人身上[7]。

一天，他接到了一个电话，是流行服装品牌Von Dutch的老板克里斯蒂安·奥迪吉打来的。原来奥迪吉看到哈迪的一款设计，想把它纳入主流时尚界。他打电话是邀请哈迪合作，计划根据哈迪的艺术设计来打造一个品牌。

哈迪对奥迪吉做了一番研究，他后来在一次访谈中说道："这家伙是一切有悖当代文明的行为的源头所在。"[8]

尽管如此，获得更大知名度的欲望占了上风，"我当时只想拿到钱后，就不再参与"。很快，奥迪吉就获得了哈迪对相关艺术作品和品牌的授权。

奥迪吉迅速展开了一场精心设计的营销策略，使很多明星都穿上新推出的埃德·哈迪品牌服装，让该品牌成为好莱坞时尚的化身，人人皆知。

这种独特的营销策略造就了10年间时尚圈最大的狂热之一[9]。在2009年，人们只要一打开电视机，就会看到某位名人穿着一件印着骷髅图案的T恤，上面还印着这样的座右铭"Death Before Dishonor"（宁死不屈）、"Love Kills Slowly"（爱情慢慢杀死你）。

突然之间，埃德·哈迪成了一个家喻户晓的名字。与此同时，埃德·哈迪品牌的服装和装饰品销售额累计约7亿美元[10]。

熟悉，创造了财富。

新颖性红利

你是否注意到，当新款iPhone（苹果手机）一问世，老款iPhone的吸引力就似乎突然降低了？

为什么会出现这种情况呢？熟悉的东西不是更让人觉得舒服吗？人们不是应该继续使用2008年经典款手机吗？或者2004年经典款的粉色摩托罗拉翻盖手机？

扎荣茨所进行的另一项研究对此提供了答案[11]。他与另几位研究者一道调查了他的纯粹接触效应在艺术领域效果如何。当人们多次看一幅油画，他们会更喜欢它吗，就像扎荣茨最初的被试看伪造的汉字那样吗？

首先，想象一下你漫步在艺术馆里，看见了这幅抽象的油画。

现在，想象一下你还会路过这幅油画 5 次。你觉得重复看这幅作品会改变你对它的看法吗？假如你看它 10 次呢？20 次呢？

为了得到答案，研究者们把不同绘画的复制品展示给被试看，0 次、1 次、2 次、5 次、10 次或 25 次。

被试必须对这些作品给予最大程度的注意力，然后在一个七点量表上对每一幅作品做出评价，从"我不喜欢它"到"我喜欢它"。

如果你还记得扎荣茨的最初研究，也许你会预计每多看一次这些作品，被试的偏好就增强一些，因为他们会无意识地减少对这些作品的畏惧。

结果恰恰相反！被试对那些看过 25 次的作品的喜欢程度比那些只看过一次的降低了 15%！简言之，被试更喜欢那些新颖的作品，而不是那些熟悉的作品。

在这个例子中，多次接触反倒**减少了**被试对作品的喜欢程度。

这与扎荣茨先前的研究结论背道而驰。在这一新研究中，与熟悉度相比，新颖性更得到人们的青睐。

这次的结果为什么不同呢？

为了搞清楚这一点，我们首先得探究一番大脑神经递质多巴胺。多巴胺是被误解得最多并且被鼓吹得最多的大脑化学物质之一。流行心理学书籍或机场书店畅销书的热心读者毫无疑问都听过"多巴胺"这个词，因为它通常被描绘成"快乐的神经递质"。无数位主旨演讲者都建议公司要注重激发顾客大脑中的多巴胺，来提高后者的满足感和对公司的痴迷度。

但是严格来讲，这种对于多巴胺的理解是不正确的。与大众传媒向我们兜售的观念相反，多巴胺在人脑中扮演着一个更为微妙的角色。

为了了解更多相关信息，我打电话向艾姆拉·杜泽尔请教，他是伦敦大学学院认知神经科学研究所的一位神经科学家，他对激励颇有研究。

杜泽尔解释了为什么大众对于多巴胺的理解是不全面的。你可以阻止一个人大脑中多巴胺的活动，但他还是能够从事物中体验快感。当研究者阻碍了瘾君子的多巴胺感受器时，这些瘾君子照旧消费、享受并恳求毒品。这到底是怎么回事呢？

杜泽尔解释道："多巴胺并非是关于消费某样东西所产生的快感，而是动机，也就是我们想获得由多巴胺传递信号的某样东西。"多巴胺在大脑中的实际作用是决定什么时候我们应该**接近**某样东西以便更多地了解它，多巴胺向我们的运动系统发出信号，告诉我们必须采取行动——在此前提下，多巴胺才触发我们的学习过程。简言之，多巴胺不是快感神经递质，而是**激励**神经递质。

杜泽尔想研究一下新颖性对于我们大脑中多巴胺水平的作用，于是他与英国同行尼可·班泽科合作进行了一项多步骤实验。

首先，杜泽尔和班泽科向实验参与者们展示了一系列人脸照片，然后让他们进入一台功能性磁共振成像机，让参与者在里面看更多照片，包括之前已看过的人脸照片以及从未看过的新图片。

其次，杜泽尔和班泽科测量了参与者大脑动机中心的反应。大脑动机中心又被称作中脑，是决定多巴胺水平的。我们大脑动机中心越活跃，我们的多巴胺水平就越高，我们也就越有动力去探索和学习。

最后，杜泽尔和班泽科发现，新颖性激活了大脑动机中心。新颖性释放出多巴胺，鼓励我们去关注和探索我们面前的事物。

为什么会这样呢？

设想一下：你是个史前石器时代的穴居人，一天你偶然发现了一片从未见过的土地。从进化论的角度来看，你有动力来探索这片不熟悉的土地，因为它可能蕴藏着新的食物来源。这种情况被科学家称为"新颖性红利"，它解释了我们为什么追求并享用新颖的东西，不管是一辆新车、一部新手机还是新食物。因此，大脑动机中心的活跃是大脑对于潜在回报的反应——只要我们敢于应对新颖状况和新颖事物，就可能得到潜在回报。

然而现在我们遇上了一个明显的矛盾：我们既受到新颖性的激励，同时也害怕不熟悉的事物。那么我们该如何调和兴趣与害怕这二者之间的矛盾呢？我们可以拜访加拿大的一间心理学实验室，那儿能提供部分答案：那里的研究者们决定看看迫使人们反复听同一首歌会出现什么情况。

创造力曲线

加拿大多伦多大学和蒙特利尔大学的研究者们满怀好奇地想了解一点：人们对未知事物的害怕和对新颖事物的追寻，这两种相互矛盾的情绪是如何在音乐领域协调的呢[12]？

当我们坐下来听一首歌时，是否也存在纯粹接触效应？该研究团队首席研究员格兰·施兰伯格教授向我解释了为什么在他之前以为是存在这种效应的,"通常,你听某首歌曲,只有在听第二遍或第三遍时,你才会说,'哦,我喜欢那首歌'"[13]。

他同时也想弄清楚新颖性和过分熟悉是如何影响我们喜欢或厌恶某件音乐作品的,尤其是过分熟悉的影响,"我们很想能够记录另一种现象,就是在人们反复听一首曲子之后,他们就会对它心生厌恶,即使是像《玛卡雷娜》《热线闪亮》那样的劲歌金曲"。

更直接地说,为什么我们会热爱某些歌曲而讨厌另一些歌曲呢?

为了回答这一问题,施兰伯格教授及其团队邀请108位大学生进入隔音室里,每人配备一台电脑和一副耳机。研究人员播放了6首歌曲的片段,每个片段都放了不止一遍——其中2个片段放了32遍,另外2个片段放了8遍,最后2个片段放了2遍。之后,研究人员要求学生评估他们对每个歌曲片段的喜爱程度,同时也评估一下对其他新歌曲片段的喜爱程度。

如果你认为我们的大脑总是在追求新颖,那你可能认为一首歌,学生们每多听一次,他们对它的喜爱程度就会更低。与此同时,如果你认为人们惧怕未知事物并祈求熟悉事物,那么学生们每多听一次,他们对它的喜爱程度就会更高。

然而,这两种情况都没有发生。当学生们专注地听歌曲时,他们对它的喜爱度呈现出一种钟形曲线，即在从第 2 次听到第 8 次听的过程中，一次比一次喜欢；从第 9 次听到第 32 次听的过程中，喜欢度逐次减少。类似于扎荣茨油画实验的结果，当学生们最后一次听一个片段时，他们对它的喜爱度明显低于第一次听到它时的。

事实证明，人类这种对于熟悉度和新颖性的双重追求造成了人们在偏好度与熟悉度之间存在着一种钟形曲线关系。我们对于歌曲的喜欢程度随着听的次数逐次增加，直到一个最大次数，达到这个最大次数时，我们就过度接触这首歌了；此后每多听一次，喜欢程度就降低一点。我把这种钟形曲线称为创造力曲线。

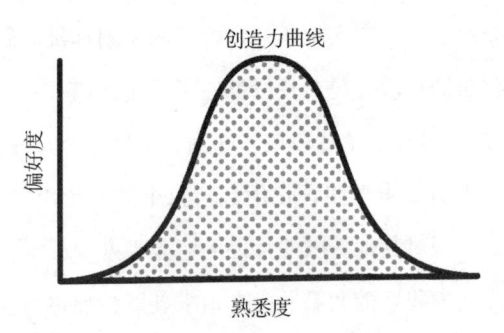

创造力曲线描述的是一种与个人熟悉度有关的个体现象，要是整个群体都接触某首特定的歌曲、某部特定的电影或者某款特定的产品，那将发生什么情况呢？这就是趋势研究变得重要的开端。

无情的现实

埃德·哈迪付出了惨痛代价才明白趋势的力量。

他曾向《纽约邮报》记者描述过他的品牌流行度达到巅峰时的情形，"简直到了离奇的地步！我随便走进一家精品店翻阅时尚杂志，就能看到一种埃德·哈迪牌子的打火机。曾经一度出现过 70 个特许加盟商"[14]。

然而，2009 年之后，埃德·哈迪牌服饰的流行度急转直下。突然之间，埃德·哈迪牌衬衫一下子变成了花哨俗气的代名词。

埃德·哈迪认为，当真人秀明星乔恩·戈瑟林在《乔恩与凯特及八个孩子》节目中痴迷于身着埃德·哈迪牌服饰时，那真是对该品牌的致命一击。"那是彻底击垮它的时刻。梅西百货公司曾有一个巨大的橱窗，专供陈设埃德·哈迪牌服饰；随着该品牌的没落，梅西百货后来彻底放弃了这个品牌。"[15]

时至 2016 年，埃德·哈迪牌服饰已经奄奄一息了。

一个曾经广受追捧的品牌怎么会一败涂地呢？

谷歌为研究者们提供了一种工具，可以显示长期以来有多少人搜索过某一特定词组。这是一种观察和把握美国乃至世界最流行品牌的有效手段。当我们在谷歌搜索栏敲入"埃德·哈迪"时，会是什么结果呢？

从 2005 年开始流行到 2009 年达到巅峰,该品牌一路飙升,然后就江河日下了。

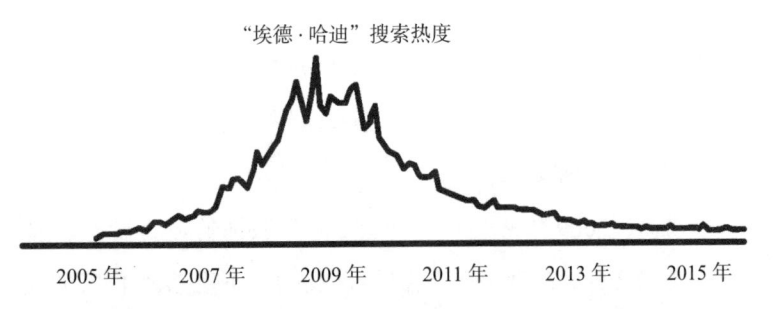

"埃德·哈迪"搜索热度

你注意到这个图形的特别之处了吗?它是**另一种**钟形曲线!这一现象表明:尽管创造力曲线描绘的是一种**个人**偏好,但它也揭示了一种**群体**效应。不同个体在不同时间点单独接触某样东西之后,最后整体也会表现出同样行为。比如,在时装领域,时尚人士总是比普通大众能更早地欣赏某个品牌,不过他们也会更早地厌倦。结果就是当大众刚刚开始对埃德·哈迪品牌感兴趣时,那些所谓的时尚人士对之已经厌倦了。

埃德·哈迪这个品牌与莉莎这个名字以及无数其他类似事物都盛行一时,直至到了被我称为"俗套点"的时间点。到了这一点,群体层面不再认为该事物具有新颖性,原本流行的品牌显得曝光过度而被人们过分熟悉,以至每一次额外的曝光都降低了一个群体对于该产品、点子或概念的总体兴趣。

创造力曲线
俗套点

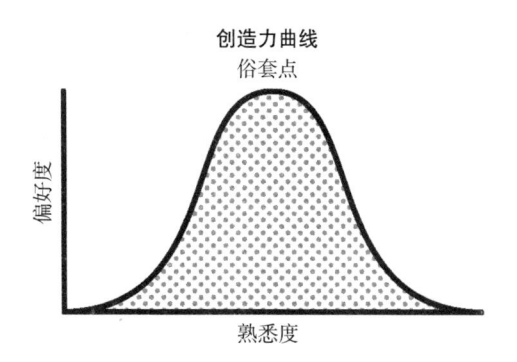

偏好度

熟悉度

理解创造力曲线与俗套点这两方面，对于知道如何实现主流成功是至关重要的。你需要有大众熟悉且被广泛认可的点子，同时这些点子还能创造出足够的新颖性红利来驱动顾客兴趣。回想一下 2011 年达到巅峰的冻酸奶狂热。无论从视觉上还是从材质上，冻酸奶都近似于冰激凌，但它又有水果馅饼的味道，并且被认为比冰激凌更有益于人体健康，这就使得它既新颖又独特。再回想一下曾一度风行美国的手卷寿司（尺寸大到你可以用双手捧着吃的寿司卷）。寿司为人熟知，手卷寿司只不过是对我们已熟悉的东西进行了一点新颖改变。类似这样的点子之所以能获得成功，就是因为它们扎根于我们已知的事物，但又足够有趣以至能刺激我们大脑中的"接近"区域。

由于创造力灵感理论流传甚广，许多人都认为打造流行的关键是要想出创新性的点子。然而问题在于，这样想出的点子可能会太偏向创造力曲线的左侧。也就是说，这些点子出现的时机不好——它们太新了、太与众不同了，还不足以众所周知。作家面临的风险是写出的书没有读者，作曲家面临的风险是写出的旋律没人喜欢，初创企业面临的风险是生产的产品没有顾客。一个最典型的例子就是美国作家赫尔曼·梅尔维尔写的《白鲸》一书，该书直到作者死后几十年才得到读者的认可。而最糟糕的情况就是你花费好几年时间创作出一部特别新颖的作品，可是几乎没有人感兴趣。一部好小说不仅需要新颖性，而且还需要熟悉度。

这一点对于所有类型的创造力都是如此。

安德烈·毕舍普是林肯中心大剧院的制作艺术总监，迄今他已荣获15项托尼奖。《名利场》杂志称他为"纽约戏剧界的完美绅士"。我在毕舍普的办公室里与他会面，他的办公室位于林肯中心，那儿的走廊像迷宫一样复杂。他看上去就像身处任何场合都身穿西装的人士，并且干净利落。

毕舍普向我解释了时机在戏剧界的重要性。"某些戏剧和音乐剧契合了当下的时代精神，"他给我举了个例子，"比如音乐剧《汉密尔顿》，当它刚在舞台上演出时，契合了正在出现的时代精神，尤其是在纽约市。这种现象在15年前根本不可能发生。"

这并不意味着《汉密尔顿》的成功单纯是靠对时机的把握。毕舍普解释道，一部好的戏剧或者音乐剧还**必须**"由一流的作家写就，由一流的导演执导，有优秀的演员阵容，有满足戏剧目的的场景"。

如此说来，理解商业成功的关键就是理解创造力曲线的微妙之处。好的执行力虽是必要的，但是还不够。任何创造性工作的成功都必须引起今天的观众的共鸣，否则就无人欣赏。

当更少就是更多

2004年年初，一个社交平台在美国一所常春藤大学上线了[16]。这个由学生创立的社交平台是最早使用实名制的网络平台之一。它迅速传播开来。见此良机，该网络的创始团队甚至休学，全身心投入这项初创事业。

但这不是Facebook（脸书）的故事。

这是CampusNetwork的故事，这是一家创立于美国哥伦比亚大学的社交平台，创立时间比在哈佛大学引起轰动的Facebook还早了几个星期。

CampusNetwork是由哥伦比亚大学工程学院学生会主席亚当·戈德堡与哥伦比亚学院学生会主席韦恩·丁联合创办的。与Facebook相比，CampusNetwork不仅提前了几个星期问世，而且也更为先进。Facebook的最初版本就像一本虚拟的电话簿，每一页都是基本的个人简介、朋友以及"戳一下"。那些最终使

Facebook 成为传媒颠覆者的许多特色——照片分享、留言墙、活动源，都是很久以后才出现的。

CampusNetwork 不仅一开始就有照片分享以及留言墙，而且它的活动源能让任何人都看到整个网络所发生的一切，就像 Facebook 后来推出的信息流服务。

CampusNetwork 自 2004 年春季启动以后，戈德堡和丁二人就搬到了加拿大蒙特利尔全职运营，而 Facebook 团队则搬到了硅谷。时至 2004 年秋天，CampusNetwork 向 Facebook 发起了一场全方位战争——不仅在其他常春藤高校上线了网站，而且还突袭进入了十二大体育联盟高校，这些高校在当时尚未听说过 Facebook。

随着时间的推移，各大高校校报开始关注和报道二者的竞争。当 CampusNetwork 在斯坦福大学上线时，《斯坦福日报》采访了一位名叫伊娃·科伦的学生，问她关于这两家平台的差异。科伦认为 Facebook 很差劲，"Facebook 上没有任何形式的社区，它更像一个分类广告栏……你可以在 CampusNetwork 上建立联系并表达你的个性，而在 Facebook 上你只能添加朋友和关注你的粉丝"[17]。

然而，尽管有这么多先进的特色，CampusNetwork 逐渐衰落并最终失败。在哥伦比亚大学以外的任何地方，CampusNetwork

都无法与Facebook真正抗衡。在失利的打击下，丁在2005年春天返回了校园，戈德堡在下一个学期也返回了校园。

为何CampusNetwork惨败？为何亚当·戈德堡与韦恩·丁二人的名字没有给公众留下印象？如果该网站一开始就提供了更先进的特色——许多后来成为促成Facebook巨大成功的因素，那为什么这些特色对于CampusNetwork没起作用呢？

个中缘由可以通过创造力曲线来解释。

丁的创业经历给了他一个宝贵的视角，使他明白了消费者是如何接受和摒除新点子的[18]。回首从前，丁意识到，他把那些会帮助CampusNetwork胜出的那些新特色密集推出的举动实际上正是该平台失败的核心原因[19]。

怎么会这样？丁告诉我，当时，人们对于数字身份和隐私持有截然不同的态度。在21世纪的最初几年，人们上网时仍喜欢使用化名，以保护个人隐私。而CampusNetwork不仅要求用户使用真名，而且还要在线分享照片及更新状态。

"我们要求用户一时间做出太多的跃进，"丁说道。

与CampusNetwork相反，Facebook则是以一种渐进的方式增加更多的特色，与用户越来越适应在线分享信息的趋势相合。科技新闻记者大卫·柯克帕特里克著有《Facebook效应》一书，他也曾谈及早期的Facebook在功能上是多么匮乏。"从根本上说，

Facebook 也就是个存放个人简介和与其他人联系的地方，"丁曾经这样告诉一位 BBC 记者，"Facebook 的精明之处就在于通过交友和'戳一下'来吸引用户，然后与用户一起学习，随着用户越来越适应而逐步增加新的功能。"

从本质上来看，马克·扎克伯格与他的 Facebook 团队虽然未必意识到他们所做的一切的原因，但他们遵循了创造力曲线，成功地平衡了熟悉度与新颖性——某样东西**太过**新颖就可能把人们吓跑，但**太过**熟悉又不能激起人们兴趣。

在《Facebook 效应》中，柯克帕特里克援引了扎克伯格对他说的一句话，"诀窍不是增加而是减少新功能"[20]。

亚当·戈德堡对此表示认同："Facebook 非常缓慢而非急不可耐地训练它的用户使用该网站。"

在随后几年里，Facebook 慢慢推出越来越多的社交功能。对此，公众偶尔也会出现抵触情绪，比如，当 Facebook 推出信息流服务时。这一新功能把用户的 Facebook 活动分享给整个社交网络，向大众公开的这一特色造成了一定的公关危机。然而 Facebook 坚持如此。事实上，Facebook 掌握了一种有助于掌控创造力曲线的秘方：数据。正如柯克帕特里克向我解释的，虽然也许用户们都抱怨信息流，但**他们都是在信息流上表达这些抱怨的**。"Facebook 一次又一次地看到用户数据与用户说辞自相矛盾。

用户也许抗议一种新特色，但他们在使用这种新特色。"

Facebook 最早的五名员工之一、Facebook 产品管理副总裁马特·科勒于 2008 年在斯坦福大学的一次演讲中解释了 Facebook 的一个独特之处——用户量逐年稳步上涨[21]。通常来讲，随着时间的推移，消费型初创企业的新颖性减弱，用户流失。但是 Facebook 的用户量持续增加，部分原因就在于 Facebook 抓住了创造力曲线上正确的时点来推出新功能。这些创新既保持足够的熟悉度让用户觉得舒服，同时又展现足够的新颖性来引起用户持久兴趣并鼓励用户参与。

回首往昔，丁感慨万千。"回首从前，不带有一些遗憾甚至一些嫉妒是很难的……人一辈子能遇上几次价值几十亿美元的好点子？"另一方面，他与戈德堡也都感到非常骄傲，他继续说道："即便我们只是社交网络史上的一个小角色，但我们毕竟尽了我们的力。"

假如当年 CampusNetwork 推出时不带那么多新功能的话，那将会是什么样的结局？这个问题很难回答，因为毕竟 CampusNetwork 抢占了先机，又有一支精明强干的常春藤联盟大学团队，以及矢志成长的决心。不过我们明确知道一点：CampusNetwork 没有完全理解用户所需，也就是没有抓住创造力曲线。

对于创造财富而言，能够平衡好熟悉度与新颖性，不仅是有用的，而且是必要的。

变得流畅

问题在于：用户是如何且为何最终接受 Facebook 模式的呢？为什么完全一样的功能，刚开始却使得 CampusNetwork 折戟沉沙，但后来又帮助 Facebook 如日中天呢？

你可以这样来分析此事。

如我们之前讨论过的，当我们第一次面对某样新鲜事物时，如一本新书、一档新电视节目、一个新 App、一种新式止汗剂，我们大脑中的回避式反射作用和接近式反射作用同时被激活了。不熟悉的事物既让我们心生不安——因为可能会伤害我们，同时又引发了我们探索和学习新事物的欲望。

当我们大多数人体验某种新事物时，最初几次一般都是回避式反射作用（"赶紧走开"）大于接近式反射作用（"了解一下情况"）。这样的结果就是我们大多数人选择退却，从而使我们免受新事物的侵扰。

这意味着一种太过新颖的想法很难吸引大部分受众。它也许能吸引边缘社区，比如威廉斯堡的亚文化人群或者郊区购物中心的哥特摇滚乐爱好者，但是中产阶层家长这个群体不会为之所动。

经过一段时间之后，我们的回避式反射作用就不那么明显了，因为我们发现这个新事物不会伤害我们。这时，新颖性红利开始压过我们的回避式反射作用，于是我们的恐惧开始消散，我们开始想知道这种新事物或者新体验是不是有用或者有价值。

一旦到了这个阶段，我们每次看见或者体验这个新事物时就开始表达出喜爱之情。这种向上的斜线就是我称之为创造力曲线的"**甜区**"。这个区间的观点既熟悉得让我们感到舒适，又新颖得让我们倍感有趣。

最终，随着新颖性红利的降低，我们对于摆在面前的东西也越发兴趣索然，因为毕竟我们不能再从中获取什么大的回报了。进行过多巴胺实验的杜泽尔博士向我解释道："一旦你熟悉了某种环境，那么它的新颖性红利就开始衰退了。"这也就是说，新颖性红利达到了创造力曲线上的俗套点[22]。

那么过了俗套点之后，想法还有生命力吗？有是有，不过那就像是月亮的阴暗面了。许多想法到达俗套点之后，就进入了我称之为"后续失败"的阶段。假如你在 2015 年开了一家纸杯蛋糕店，而此前不久纸杯蛋糕热已经达到顶峰。接下来你也许会赶上一年的好光景，但是极有可能你的生意很快就会急转直下。

创造力曲线
俗套点

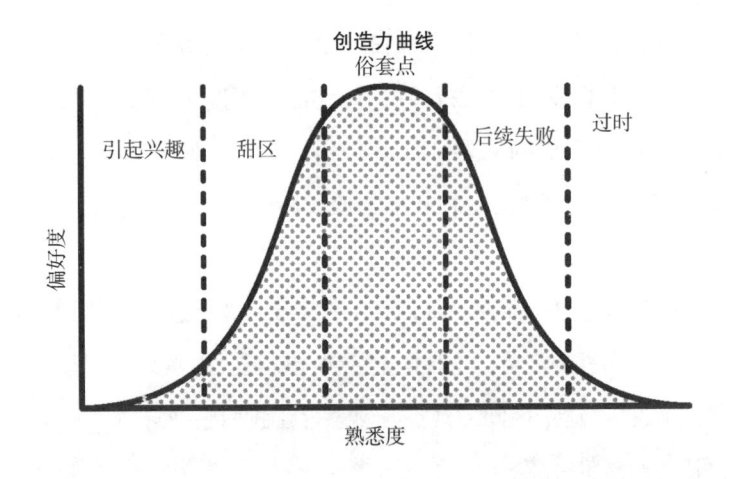

引起兴趣　　甜区　　后续失败　　过时

偏好度

熟悉度

最后,一旦一个想法过时而不再流行,那就没有意义再追寻它了。假如你在 2018 年年初开了一家专营迪斯科舞厅设备的商店,那你也就只能吸引为数不多的文化怀旧者,仅此而已。那些最终被称作创造性天才的人都知道及时放弃想法——早在这些想法将要过时之前。

值得注意的是,创造力曲线不应被误认为是另一条著名的曲线:技术采用生命周期(在这个模型中,随着时间推移,技术采用经历了从 0% 到 100% 接受的过程)。这两条曲线的基本差异有二:第一,创造力曲线是基于接触次数而不是基于时间生成的;第二,创造性想法起初并不流行,然后才变得成功,最后又不再流行。创造性想法很少能一直保持普遍流行,这不像有用的技术

（比如拉链）能被（几乎）普遍采用。

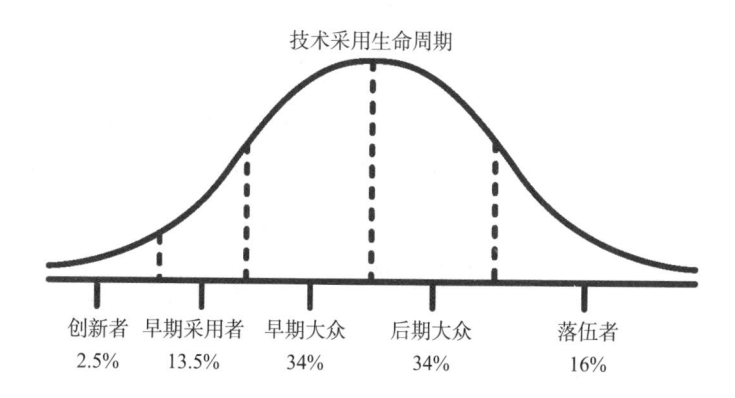

技术采用生命周期

创新者	早期采用者	早期大众	后期大众	落伍者
2.5%	13.5%	34%	34%	16%

此时你也许纳闷：如果创造力曲线能够解释熟悉度与新颖性之间的张力如何影响了我们的偏好，那么我们该如何解释关于编造汉字的扎荣茨实验呢？在那个实验中，被试每多看一次那些汉字，就声称更加喜欢它们。

对此，研究者给出了两种解释。第一种解释是，该实验被试接触那些形容词的程度还不够深，因此就没有产生我们在创造力曲线下降斜线部分呈现的那种无聊效应。

第二种也是更为可能的解释是，对于我们如何学会喜欢或不喜欢一个概念，你和我如何处理它是至关重要的。

比如，在之前提到的那个加拿大音乐研究例子中，只有当学生们被要求专心听一首歌的时候，才会出现钟形曲线。假如这首歌是作为背景音乐播放，没那么吸引注意力，那么无论听多少次，学生们都一直喜欢听。为什么会出现这种情况呢？

原来，当我们只是浅层次接触某样东西时——无论是一则广告、一首歌还是一件艺术品，我们大脑处理它的方式不同于我们深层次或长久接触这些东西的时候。此时，一个被神经科学家称为知觉流畅性的过程开始发挥作用：当我们第一次看见或体验某样东西时，我们的大脑必须全力以赴处理它；如果我们已经体验过了那样东西，我们自然对它更为熟悉，于是我们的大脑也能更高效地处理它。但问题是，我们通常倾向于把这种容易处理的感觉与实际喜欢混淆起来。你想想看，对于超市里的背景音乐，在我们听过不知多少遍之后，我们的大脑是不是就更容易处理它了？在这一过程中，我们会把"容易"误认为是"实际享受"。

广告研究者克里斯蒂·诺德海姆研究了广告中的这一效应[23]。她发现，如果一则平面广告只展现产品一小部分特征的话，比如一块背景或者一个标识，那么人们每次看到它都会更加喜欢它所宣传的产品。这就是为什么市场营销专家将标识和品牌颜色看成创造、维系与消费者良好关系的必要条件。这些小东西使得我们的大脑能更容易地处理每日所见的广告，于是这种思维处理的容易感常常使我们误认为自己真的就喜欢那款牙膏、那款润肤液或者那家广告公司。

与此相反,诺德海姆发现,如果她让实验参与者仔细观察同样的广告,那么创造力曲线就显现出来了。在对同一则广告看了10遍之后,每再看一次,实验参与者都报告说对该产品的偏好度越来越低。

当你深度处理事物时,你就要花时间评估它们,并且你的熟悉度与新颖性交织在一起的情绪也开始起作用。之所以出现深度处理,要么是因为你有意特别关注某事物,要么是因为该事物本身复杂,需要超常规的处理方式。例如,抽象艺术因其自身的多重属性(既有显性的也有隐性的含义)而需要观者进行深入的思维处理,于是也必然受到创造力曲线的影响。

然而创造力曲线并非只是一种学术工具,它还提供了一个实用的框架来处理追寻熟悉度与新颖性所产生的张力。简言之,创造力曲线是主流成功的最真实基础。

仍然未得其解的问题是:富有创造力的人是如何在创造力曲线的甜区不断创造出新点子的呢?他们是怎样想出一个又一个极有可能流行的新点子呢?

为了回答这个问题,让我们再回到保罗·麦卡特尼与披头士。

披头士乐队背后的数学

时间是 1965 年,披头士如日中天[24]。

在麦卡特尼辛苦创作《昨天》时,披头士其他成员也都在努力寻求艺术进步,毕竟他们正处于享誉全球的盛名压力之下。

乔治·哈里森认为他在披头士拍摄电影《救命》的片场找到了一个思路。那部电影的情节是嘲讽一种印度色彩的东方膜拜观点。正是在那部电影的拍摄场地,乔治·哈里森有一个改变流行乐坛的重大发现。

有一个场景是在一家过于"印度化"的餐厅里,一群乐师使用传统的远东乐器为进餐者演奏小夜曲。在拍摄过程中,哈里森拿起了一个用作道具的乐器,那是一把锡塔琴,与吉他类似,有 12 根弦。

在印度家喻户晓的锡塔琴对于哈里森而言却是首次见到。具有讽刺意味的是,正当披头士在《救命》中取笑印度文化时,哈里森却对锡塔琴那迷人的弦音和纯粹的异域风格产生了浓厚兴趣。

哈里森一直致力于塑造他在披头士中的个人风格,并追求继续在艺术上进步。他认为锡塔琴能为自己带来一些迫切需要的变革,无论是在音乐创作方面还是个人风格方面。返回伦敦之后,他就去牛津大街的印度手工艺品店购买了他的第一把锡塔琴。

当年 10 月，披头士乐队正着手完成《挪威的森林》这首新歌，准备收到《橡胶灵魂》专辑里。最后，他们想到了试一试哈里森新买的锡塔琴，结果这首歌大获成功。时至今日，《挪威的森林》仍被认为是展现锡塔琴的第一首西方主流歌曲——不是最后一首。

随着这首歌曲的广为流行，锡塔琴也开始在其他地方出现了。1966 年，滚石乐队在他们的流行金曲《涂黑》中使用了锡塔琴，从而强化了这种乐器在摇滚乐中的新地位。时间来到 1967 年，锡塔琴热横扫流行音乐界。著名吉他厂商 Danelectro 甚至生产了一款叫作"珊瑚"的电锡塔琴，受到许多音乐人士的推崇，它可以像吉他一样弹拨，但又听得出锡塔琴的独特弦音。这股热潮持续，越来越多的流行音乐家都开始采纳这种乐器，包括"猫王"埃维斯·普里斯利以及爸爸妈妈乐队。

同样在 1965 年，哈里森遇到了印度音乐的教父级人物及锡塔琴大师拉维·香卡，后者最终同意指导哈里森弹奏锡塔琴。1967 年正值锡塔琴热期间，香卡在一次演出旅行中对采访者说锡塔琴"现在是流行之物"[25]。他把这一切都归功于披头士和哈里森本人对于一个电影道具的突然痴迷，"许多人，尤其是年轻人，都是在披头士成员乔治·哈里森成为我的追随者之后才开始听锡塔琴的"。

披头士就像点燃了一根火柴,随后引发的火焰燃遍了音乐界。但正当这股火焰越烧越旺时,披头士却开始减少使用锡塔琴了,它最后只是作为该乐队在其实验岁月里所使用的众多声音中的一种罢了。

锡塔琴热是一个强有力的例子,说明了创造力曲线背后存在的数学逻辑。

任何披头士的粉丝都知道该乐队的音乐生涯有着显著不同的发展阶段,许多研究披头士的历史学家都将其分为三个时代:出道初年,以流行音乐为主;实验岁月,以使人精神恍惚和节奏极快的音乐为主;事业晚期,又重回流行音乐基本要素。

英国杜伦大学的图奥马斯·伊罗拉教授研究的领域是实证音乐学[26]。简言之,他研究的是音乐的定量特征,比如一首歌包含多少个节拍或者音符重复的频率。在20世纪90年代后期,伊罗拉着力于理解披头士的各个发展阶段相互间是否真的截然不同:他们的音乐阶段是突然停止和开始的吗?还是说,这些转变是逐步发生、在不同专辑之间缓慢演进的?

为了找出答案,伊罗拉调查了披头士是如何运用音调重复、下降的低音声线以及像锡塔琴等具有异国情调的乐器的,他对这些特色在披头士每一首歌曲中的运用情况都进行了测量。

结果他发现，披头士是以一种先升后降的频率来运用这些特色的。当他把这种随着时间而发生的变化制作成一幅图时，你也许能猜到他看见了一种什么样的形状——一种钟形曲线分布。

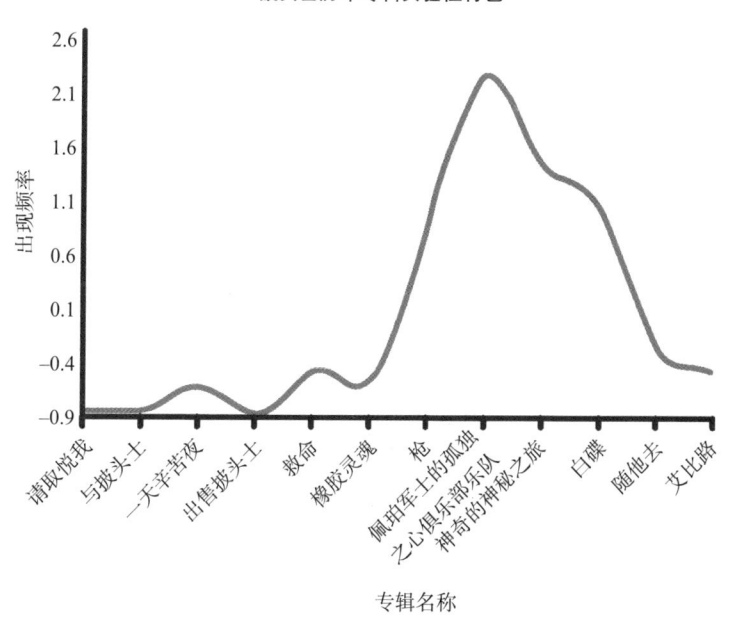

披头士历年专辑实验性特色

专辑名称

披头士对于实验性特色的运用规律与创造力曲线非常一致。他们最初在音乐中慢慢推出数量逐渐增加的实验性方法和声音，让歌迷们逐步适应和喜欢；随后停止使用这些特色，因为歌迷们越来越过度接触这些声音了。

披头士的创造性天才，一部分就体现为他们能够写出反映歌迷新音乐品味的歌曲，这也遵循了创造力曲线。披头士推出的新歌在既为歌迷所熟悉的同时，也恰到好处地新颖，使歌迷能接触到慢慢会喜欢上的新概念。然后，一旦这些元素达到了俗套点，披头士就会果断地减少使用它们。

设想一下：假如当这些音乐特色达到俗套点时，披头士没有减少而是继续使用它们，那将出现怎样的情况？歌迷们可能就会开始觉得厌倦，转而关注其他乐队了。最糟糕的结局就是披头士自身也过时了。

创造力曲线提供了一种框架，可以解释披头士是如何向市场推出新概念并取得成功的。他们既没有过度使用这些概念，也没有使用过长时间。

这一点对于任何类型的创造者都是有重要启迪意义的。比如，减缓创造力曲线的方法之一就是减少人们对某种事物的接触。这就是为什么许多奢侈品牌都注重限量，通过最大化价格而不是通过分销来增加收入。此外有一种方法就是使你的产品具有上瘾性（想一下咖啡的持久魔力或者某些电子游戏）。

然而，披头士是如何知道在他们的音乐中该使用多大比例的锡塔琴？或者，马克·扎克伯格是如何知道哪些功能该从 Facebook 的最早版本中拿掉呢？

此时，我所做的一系列访谈就显得至关重要了。我坐下来与来自众多领域的几十位成功创意人士进行了交流。我的目的是搞清楚他们是如何在创造力曲线的甜区想出一个又一个点子的。既然我们每个人都具备创造力，而且超高智商并不是创造力的必要条件，那么我就想弄清楚这些人的创造过程。他们做了哪些事情值得我们效仿？

我问这些人的问题包括他们的童年、他们如何想出新点子、如何把这些点子落地并加以推广的。我经常觉得自己就像一名心理医生，尤其是考虑到我的许多访谈都是在长沙发上进行的。这些人邀请我到他们家里、办公室里以及最喜欢的饭店里。当我们不能面对面相见时，我们就通过电话或者 Skype 交流。

最后我发现，我听到的许多故事都是相似的。最终我发现了 4 种模式，创造者利用这 4 种模式想出来的点子都被优化成商业上的成功。这些方法也得到了从心理学、社会学到神经科学等多门学科的支持。我把这 4 种模式称作创造力曲线的 4 条法则。在接下来的 4 章里，我将依次详细讲述每一条法则，并将解释我们如何把这全部 4 条法则应用于我们自己的工作当中。

我们首先要探讨的是如何鉴别好点子。

这一切都开始于一次前往亚利桑那州的旅行。

第二部分

创造力曲线的 4 条法则

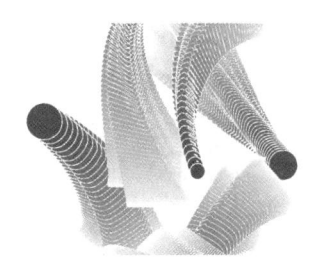

第 7 章　法则一：借鉴

1982年的一天下午，亚利桑那州西部录像带商店挤满了顾客[1]。等待结算的队伍很长，蜿蜒穿过恐怖片和外国片的货架，一直到了喜剧片货架前。虽然这家店是亚利桑那州最早出租录像带的商店之一，但这并非这么多顾客愿意花上20分钟甚至更长时间排队等待的原因。

如果你问这些人为何排队，他们的回答也许会让你觉得荒谬——他们排长队就是为了跟店员泰德说话。更准确地说，他们当中很多人一整个下午都在想着要问泰德什么问题。

这是为什么？

泰德是一位年仅18岁的社区大学的学生。他是为了赚些外快才来西部录像带商店兼职的，主要工作就是整理货架和办理出租。

泰德的童年一团糟。他的父母亲才十几岁就生了他，没过多久，他甚至又有了4个弟弟妹妹，于是一家七口挤在菲尼克斯市郊区的一座小房子里。

为了逃离家里的混乱场景，泰德经常躲到外婆家，在那儿他可以一直看电视。泰德的外婆喜欢娱乐八卦，于是家里每件家具上面都堆满了娱乐杂志。她兴致勃勃地给泰德讲述当红演员的故事，对他们直呼其名，就像对久违的老友。对泰德而言，电影和电视成了他逃离自己杂乱无章的家庭的终极方式。

泰德不仅家庭混乱不堪，而且家境窘迫。泰德的父母花钱大手大脚，只要挣到一点儿钱就立马买新上市的小玩意儿和电子产品。虽然家里的电话经常因为欠费而停机，但泰德家是小区中拥有录像机的家庭之一。

一天，当泰德骑车闲逛时，他发现小镇商业街上新开了一家录像带出租店。得益于父母亲买的那台录像机，以及与外婆共处的那段时光，泰德已经爱上了电影，因此那家新开的录像出租店对他而言不啻美梦成真。于是，泰德走进了这家商店，并与柜台里面穿着一身运动服（毕竟那时还是20世纪80年代）的店主戴尔·梅森攀谈，很快就了解了对方的人生经历。

戴尔最初的工作是一名空中交通管制员，后来决定自己创业。他曾在杂志上读过一篇文章，预测未来10年最火的生意将是酸奶店和录像带出租店。他对泰德说："我恨酸奶，但爱电影。"于是他的人生路径就此设定。不久他搬到了亚利桑那州，在这儿他能负担得起房租和店面费用。

在随后几天里,泰德又来了好几次,每次都跟戴尔就电影话题聊个没完,并且一边聊还一边在店里走动,情不自禁地伸手整理整理货架。戴尔一眼就看出泰德和他志趣相投,于是雇他为店员。泰德欣然应允,很高兴自己过上被家用录像带围绕的日子。

大多数录像出租店白天都没什么生意,顾客通常都是在晚上下班后才来租录像带。于是泰德就跟自己定了个约定:利用没顾客的时间,他要看完店里的所有录像带。他一直就想尽可能了解关于电影的所有知识,这回终于得到了最佳资源——一个库存丰富的录像带出租店,可以想怎么看就怎么看。

几个月下来,泰德差不多看完了店里所有录像带,于是他发现自己蜕变成了一台真人版电影推荐机。假如你喜欢伍迪·艾伦导演的电影,那么泰德就会向你推荐阿尔伯特·布鲁克斯导演的片子,并胸有成竹地告诉你,"阿尔伯特·布鲁克斯对于洛杉矶的意义,就相当于伍迪·艾伦对纽约的意义"。你不是喜欢某一部动作片吗?那么泰德就会向你推荐另外三部,保证也同样让你看得热血沸腾!

简言之,泰德已然形成了一种文化自觉性:能随时随地意识到什么是熟悉的、什么是好的以及什么是俗套的。这种技能有助于人们识别出某种想法或产品落在创造力曲线上的准确位置。

通过观看大量电影，年仅 18 岁的泰德已成了电影专家。他理解电影爱好者的真实需要，因此，来店里的顾客都愿意听取泰德的推荐，不惜排长队等着与他交流。就像人们喜欢参照美食家的评价选择新馆子，具备这类文化自觉性的人总能得到社会的重视。我们会找寻这样的人，并将其视为流行创造者和影响者，甚至把他们提升为公司领导者。

文化自觉性——就是能够识别一个想法落在创造力曲线什么位置——似乎不为大多数人所掌握。尽管美食家、嘻哈歌手、App 开发者都理解、借鉴、吸收，但是很难想象我们其他人也能获取同样的技能。

但我们的确可以。在本章中，我们将探寻借鉴、吸收将如何及为何有助于你学习特定技能，同时我们也将知悉如何通过有目的地使用这一技能来创造顿悟时刻。

全靠运气吗

有些创业者似乎特别幸运，尤其是那些创立了许多家成功企业的人，他们有时是甚至跨行业创业的。

创业者凯文·莱恩就是一个例子。他创办了 9 家互联网公司，包括传媒公司 Business Insider（以 4.5 亿美元的价格被收购）[2]、网购网站 Gilt（以 2.5 亿美元的价格被收购）[3] 以及数据技术公司 MongoDB（估值超过 15 亿美元）[4]。不仅如此，他还是广告技术先驱 DoubleClick 公司的创始团队成员及 CEO（首席执行官），该公司最后以超过 10 亿美元的价格被收购[5]。从电子商务到传媒再到数据库技术，凯文·莱恩成为一名有着持续骄人业绩的创业者。

另一位不断取得成功的创业者是玛蒂娜·罗斯布拉特[6]。当她还是一名年轻律师时，罗斯布拉特就痴迷于卫星，于是与人联合创立了天狼星无线电公司。该公司与 XM 无线电公司合并之后组成的天狼星 XM 公司现市值超过了 250 亿美元[7]。后来当她女儿被诊断患有肺动脉高压（一种影响肺部的不可治愈的致命疾病）时，罗斯布拉特离开了天狼星无线电公司，决定从头再来。在系统学习了生物学课程之后，她创办了联合疗法公司，一家致力于研发治疗肺动脉高压及其他类似肺病的生物技术公司。时至今日，联合疗法公司已上市，市值超过 50 亿美元[8]。

当大多数人还在苦苦寻找创业机遇时，莱恩与罗斯布拉特已经创办了许多家成功企业，更令人赞叹的是，他们不停切换行业仍取得了巨大成功。这一切全靠天生好运吗？是不是还有其他什么因素发挥了作用？

罗伯特·巴伦教授是专门研究创业与心理学相互作用的，他想了解创业者是如何觉察先机的[9]。

他发现，答案就是模式识别。[10]

我们大脑的一项基本任务就是识别模式。这项任务至关重要，不但有助于保护我们，而且有助于发现机会。正如我们之前所讨论的，如果一样东西对我们构成威胁，我们就会避开它；如果一样东西会带来回报，我们就想探索它。

巴伦认为，模式识别所依赖的两种思维模式都被创业者用来想出新点子。

咖啡馆原型

第一种思维模式是**原型**——但这种原型并非大多数人脑海里立刻浮现出的那种原型。在心理学领域，原型指的是对某种概念的基本属性的一种抽象。设想一下咖啡馆，传统的原型就是一家小的沿街铺面，卖咖啡和松饼以及（如果店主足够慷慨的话）提供无线上网。或者在商业情境下，一家技术型初创企业的原型就是一家年轻的快速增长的公司，能融到风投资本并提供某种独特的技术。

在创业初期，企业家们都非常依赖原型来指导他们的决策。他们通常是从图书和同事的建议中汲取这些原型的。比如，麦克是一名初出茅庐的企业家，他正在面试一位求职者汤姆。麦克很有可能会借助从外界获取的"成功的员工原型（比如足智多谋、充满好奇、有责任感、为人精明等）"来评价汤姆，看看他是否与这些原型特征匹配。这是一种缓慢而细心的识别熟悉之物的过程。

第二种思维模式是**典型**，也就是某种类别的一个具体例子。比如，亚当·桑德勒就是喜剧演员的典型。一提到"亚当·桑德勒"这个名字，人们就会立刻把他归类为喜剧演员。这不意味着他就是最搞笑的喜剧演员（许多行业都有此微妙现象），但他可以作为一个具体的喜剧演员来比照他人。再比如"圣诞电影"，一说起这类电影，典型代表就是《生活多美好》。

随着企业家的经验不断丰富，大多数人都开始积累关于不同概念的具体实例，并且他们越来越依赖这些例子。借助实例能加快思考过程，如此一来，在面对各式各样新观点时，企业家就不必为了识别每一种观点所特有的元素而放慢思考速度了。他们只需要考虑这种或那种新观点与哪种典型例子相匹配并且是熟悉的。让我们再回过头来看看求职者汤姆的例子,假设这次面试他的是一位富有经验的企业家莎莉。在她的职业生涯中,莎莉与各式各样的人打过交道,于是这些同事和朋友就都成了她的典型例子。莎莉很自然地会把汤姆与她所共事过的最好或最有前景的员工进行对比,一旦觉得汤姆在有些方面很像之前的明星员工,就会立刻录用他。

典型例子

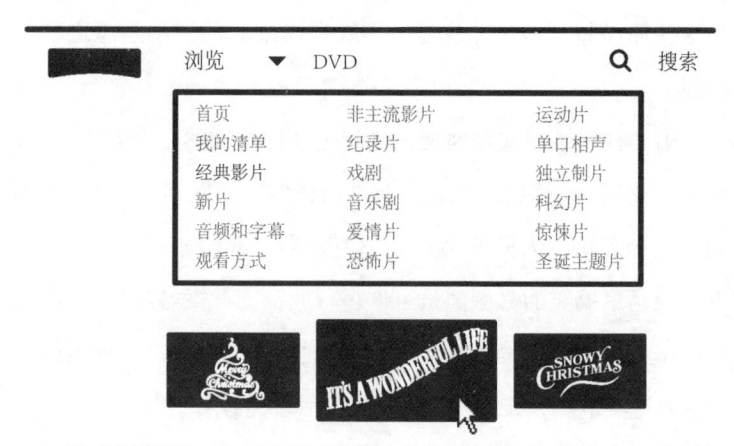

	浏览 ▼	DVD		🔍 搜索
	首页	非主流影片	运动片	
	我的清单	纪录片	单口相声	
	经典影片	戏剧	独立制片	
	新片	音乐剧	科幻片	
	音频和字幕	爱情片	惊悚片	
	观看方式	恐怖片	圣诞主题片	

模式识别的一个重要作用就是它能帮助企业家形成一种对机遇的非凡直觉。研究显示,在企业家掌握了重要的先决知识后,他们就不再需要缓慢而刻意地寻找新思路了。相反,他们的先决

知识给予了他们大量的例子供自动调用。经验丰富的企业家借助先前有价值的经历来发现对他们来说又熟悉又有价值的思路。

简言之，多亏了典型例子，有目的的学习和体验才使得企业家更有可能发现有用的新思路，因为他们可以高效地识别出什么事物与典型例子相类似。

之前我提到了连续创业者凯文·莱恩，一位在技术产业创办了众多公司的成功参与者[11]。凯文学会了如何借助典型例子来发现新思路。他告诉我他是怎样想出 Gilt 这个闪购模式的，"有一天我走在纽约第 18 街上，经过了一条由 200 多位女士排成的长队。我好奇地问其中一位女士为什么要排这么长的队，她告诉我，她们都是为了能买上一款马克·雅可布的特卖品"。这话一下让凯文想起了一个典型例子：出售打折奢侈品的法国网站 Vente-privee，顾客无须出门和排队就能买到特卖品。看着眼前这条长长的队伍，凯文意识到那个法国网站不仅仅是一种欧洲现象——还有其他多少喜欢马克·雅可布品牌的潜在顾客因路途遥远而来不了纽约或者不愿意排队等待呢？

简言之，凯文观察到了一种与成功例子相似的情形。

另一个例子是加雷德·波利斯，一位美国政客和创业者，而且还是美国国会最富有的议员之一。根据所披露的财务信息，他的个人财富在 1.84 亿~5.91 亿美元（美国政府喜欢宽泛的数字）。

波利斯是以互联网创业起家的。当年他还在斯坦福大学读书时，就创立了一家互联网服务公司，后来该公司以 2 300 万美元的价格被收购。接下来他又创办了蓝山礼仪公司，该公司在第一波互联网繁荣期被收购，波利斯得到的现金和股票总计 7.6 亿美元。他甚至还创办了一个名为 ProFlowers.com 的卖花公司，该公司后来上市，最终以 4.3 亿美元的价格变卖出去。波利斯似乎还嫌这些不够多，他又创办了一家特许学校[①]，并联合创办了一家高端的创业孵化器公司 TechStars。

虽然时至今日加雷德·波利斯更为人知的身份是一名风格独特的国会议员（比如爱穿高领毛衣、爱打电子游戏），他目前正在竞选美国科罗拉多州州长一职。有一天晚上我和他通过 Skype 大聊了一通他是如何发现创业点子的。

正如我们之前讨论过的研究显示，经验与知识的结合使得发现新思路多少像是"自动的"。有一天波利斯买花送朋友，他被花价吓住了！花怎么会这么贵？他从未接触过农业或者花卉生意，但他知道什么是好的商业——肯定不是这样子的！并且也知道许多公司（即典型例子）是通过直销模式获利的。

于是波利斯行走全美调研花卉供应链，"我拜访了种花专业

---

① 特许学校，美国一种学校类型，是指由州政府立法通过，特别允许教师、家长、教育机构等私人经营、政府承担经费的特殊学校。——编者注

户、参观了花卉市场、走访了分销商,并与其他圈内人士交流"。他的目的就是要弄清楚价格暴涨发生在整个过程的哪个环节。

调研结果就是诞生了一种全新模式的花卉公司——ProFlowers在线公司,该公司直接把花从种植者那里送到顾客手中,去掉了中间商。这使得ProFlowers能够低价送达新鲜花朵,创造了数亿美元的价值——这一切都源于一个貌似灵感忽现的新思路。

经验有助于人们产生熟悉的点子,但如果你缺乏经验呢?别担心,还有一种方法能帮助创业者发展出典型例子和原型。富有创造力的人也可以借助有意识的借鉴、吸收来实现类似的结果,比如我们之前提到的录像带出租店店员泰德。我们不需要直接经验来形成先决知识,通过观察也几乎可以达到与形成典型例子和原型一样好的效果。

研究发现,成功的创业者注重从第三方资料中汲取与他们创业相关的讯息。有一项研究表明,知名创业者们都善于通过阅读利基行业的出版物来获取灵感,这是与普通创业者显著不同的地方。典型例子不是来自借鉴、吸收随便什么讯息,而是来自借鉴、吸收与创业者本身所在的领域或他们考虑进入的领域高度相关的材料。

通过大量借鉴、吸收,连续创业者就能发展出一套有价值的典型例子——即便他们要转入新的或者不熟悉的领域，就像凯文·莱恩以及玛蒂娜·罗斯布拉特两位那样。这些发展出来的典型例子转而又有助于他们发现有价值的新思路。

一个全新制高点

过去多少年来，尤其是今天，泰德一直不断借鉴、吸收大量信息——就他具体情况而言，就是每天看三四个小时的电影和电视[12]。但他现在在一个全然不同的制高点来做这些事情：贝弗利山庄的一间高级办公室。泰德现在是网飞的首席内容官，他见证了网飞从一家 DVD 租赁企业转型升级为一家流媒体巨头，目前已荣获了 40 多项艾美奖，推出了《怪奇物语》和《女子监狱》等热门剧集。

但是让我们往前回溯几年，回到泰德从大学退学的那一年，他出任他曾兼职打工的录像带租赁连锁店的总经理，后来他成为某家录像带经销公司的高管，再后来到 2000 年他成为网飞内容采购负责人。回首往事，他笑着说自己当年在录像带商店兼职打工的日子就像是"电影学校与 MBA（工商管理硕士）课程的二合一"。

时至今日，供职于一家以推荐算法著称的公司，泰德调侃道："我猜我当年使用算法的时候根本都不知道算法是怎么一回事。"不断借鉴吸收相关知识培养了他对观众的理解力，从而能推荐观众感兴趣的电视内容。

通过借鉴、吸收大量讯息，泰德储备了图书馆式的典型例子。这就使得他能够高效处理各种新思路，能迅速判断出这些思路是原创的、借来的、有所不同的、太过不同的，还是介于二者之间的。正因为如此，泰德与他的团队开发的电视内容都足以落在创造力曲线的理想点上。正如泰德自己所说，这类电视内容"一半是熟悉的，一半则是新鲜、未知和新颖的"。

一条惊人的法则

能发现让观众熟悉的思路，这是形成商业创造力的基础之一。

根据我对今天成功的富有创意的艺术家的访谈，我发现了一个惊人的模式。泰德对于电影的大量借鉴、吸收，以及其他优秀创业者聚焦于具体行业的借鉴、吸收，都根本不是什么凑巧。无论我访谈的是一位画家、大厨，还是词曲作家，我最终听到的都是略有不同的类似故事——画家参观大量的艺术展；大厨到最新潮的饭店就餐，参观农场，参加食品展；词曲作家不断听音乐，不管是新的还是旧的。

尽管这些富有创造力的艺术家都无比繁忙，但他们每天都固定花上三四个小时——也就是差不多 20% 的清醒时间——用于这种类型的借鉴、吸收。这种体验有利于他们发展出典型例子，这些例子对于他们判断某种思路落在创造力曲线的什么位置是必不可少的，似乎形成了直觉。

我把这称为 **20% 法则**：通过每天花上 20% 的清醒时间来借鉴、吸收关于你的创造性领域的讯息，你就能培养出一种近似直觉的专家级理解力，帮助你识别一个点子的被熟悉度——也就是它落在创造力曲线的什么位置，即便你不具备真实世界的体验。

如我之前所解释的，研究告诉我们：要想掌握一项技能，我们需要投入大量时间进行有目的的实践。然而 20% 法则与此不同：它不能使你成为大厨、小提琴家或者篮球明星。20% 法则不是关于身体艺术或者肌肉记忆的，但它能帮助我们识别哪些思路是令人熟悉的。尽管我们仍需要借助其他技能来**执行**这些思路（或者雇用合适的人来执行），然而这条 20% 法则却为我们的顿悟时刻提供了初始条件。

简言之，20% 法则可以帮助我们接近创造力曲线。为了创造出为人所熟悉的内容，富有创造力的人通常借助于广泛的知识基础。假如你是位作家，你必须要知道你这个领域的哪些书籍深受读者喜爱；假如你以绘画为生，你必须要知道你最近的一幅作品是不是落在创造力曲线的合适位置，或者说它是不是会被视为过时的、陈旧的或者毫无希望的先锋派。

借鉴、吸收提供了原材料，但你如何才能把原材料转化为有意识的想法呢？

数字大亨

康纳·福兰特看上去跟大多数二十几岁的洛杉矶嬉皮士没啥两样：紧身裤、T恤衫、不离手的iPhone[13]。

出生、成长于明尼苏达州的福兰特要是走在大街上，大多数人都不会多看他一眼。但是假如他是从一群少女身边走过时，你就会听到尖叫声，甚至会看到一两个女孩激动得晕倒。

福兰特是一名YouTube网红，早在2010年他17岁时就开始上传视频。时至今日，他已经拥有500多万粉丝，每条视频点击量约50万次。

他还写了两本名列《纽约时报》畅销书榜的回忆录，创办了一条服装生产线、一个咖啡品牌，并与索尼签了合同——专门帮助新秀音乐家与社交媒体红人结成搭档。

福兰特已然成了一名全新类型的数字大亨，他把这归功于自己对观众的理解力："我知道自己喜欢什么，并且通过这么多年在YouTube上与粉丝的互动，我也发现了观众与我喜好一致。"

这位从明尼苏达州走出来的少年是如何获得这种能力的呢？

与此前我们讨论的情况一样，他也是开始于借鉴、吸收。

"在开始制作 YouTube 视频之前，我自己就已经是一名 YouTube 观众了，"福兰特解释道，"我观看了海量 YouTube 视频，并且在一定程度上对它们进行了研究，从而在我自己进入 YouTube 之前就充分了解了它。"

与泰德的例子类似，福兰特的借鉴、吸收也帮助他发现了观众的喜好。"那些总能给我带来流量的视频是与每个人都密切相关的题材，尤其是与我的观众群体相关的。我发现，人们总是希望我谈谈关于人际关系或者其他与青少年相关的话题。"

福兰特意识到的另外一件事情就是新颖性对于他的成功所起到的巨大作用。仅仅理解观众群体本身以及他们的喜好还不够，还必须拿得出新颖独特的东西。

时机也特别有利于福兰特。他的许多看似简单但受欢迎的视频点子本身都极具创意。他刚出道时，YouTube 还属于一片未开垦地。"当时毫无规则，我必须自己设定标准，"福兰特解释道。通过观看大量视频，福兰特知道了他的观众已经看过和没看过什么，这为他自己创造出新颖且受欢迎的内容扫清了道路。如此一来，福兰特实际上就借助了创造力曲线——尽管他本人没有意识到这一点。

除了常规视频，福兰特还制作了像"要告诉你喜欢的男孩的

10件事情"等系列视频,这些视频深受青少年喜欢,点击量达几百万次。并且他制作的视频还被成千上万的其他YouTube用户模仿。

那么,想出新点子的过程是怎样一种有意识的活动呢?

我所访谈过的富有创造力的人都非常清楚一点:培养和强化对消费者的直觉需要经历复杂的过程——尽管他们总是把最终的顿悟时刻说得神乎其神。

就像保罗·麦卡特尼一样,康纳·福兰特也把他的创作过程描述成灵感闪现。"坦白地讲,我的任何点子都是自然而然出现的。就拿制作一段YouTube视频来说吧,比如当我走进一家咖啡店,也许看见了正在发生的什么事,于是就有了新点子;或者当我看见天空中的某种形状时就触发了一个服装设计的点子,于是赶紧写下来。一切就这么自然。"福兰特的经历跨越了不同领域。

去年的某一天,我驱车前往马里兰州郊区拜访知名大厨何塞·安德雷斯,他与合伙人罗布·怀尔德在全球拥有20多家高端餐厅。此外,他们还有一家名为"牛排"的休闲快餐连锁店以及一条西班牙包装货物生产线,并且还为他们的食品 – 实验室 – 餐厅的复合式"迷你吧"赢得了米其林两星。

我于上午9点整准时到了一座超现代的住宅门前,安德雷斯的助手接待了我。当我听到楼上的地板嘎吱嘎吱作响时,我为自己吵醒了知名大厨而深感不安。安德雷斯下楼来跟我打招呼,他的英语有着浓重的西班牙口音,他把我引进了他的厨房。

我俩在餐台前坐下,随即聊起了创造力的话题。"创造力的发端就像大爆炸理论一样。为什么会出现?我们仍然不知道原因。"

安德雷斯抬起头来问道:"有人想喝咖啡吗?"

说着他拿出一架食品天平秤,小心翼翼测量出完美重量的意式浓缩咖啡豆。

然后我们言归正传,安德雷斯解释了他是如何像其他创造者一样借鉴、吸收他这个领域的资讯的。他喜欢参加大厨会议,从中观察最新技术,并了解最新配方。

当然,他也提到他的菜品也有来自灵感的。

他说:"我一贯不喜欢玛格丽特鸡尾酒的那一圈盐霜,因为总是过多。"一天他突然想出了个点子。当时他和妻子正在度假,躺在海滨沙滩上,"我们看着海浪冲到岸上,我就想象着这些浪花要是沾到人的嘴唇上该是多么轻、多么咸!于是我突然想到了一个好主意!"安德雷斯一直使用蔗糖脂肪酸酯来为他的菜肴制造有趣的泡沫,此刻他突发奇想——要是把盐乳化了会怎样呢?!"也就是鸡尾酒杯边缘不再有盐了,"安德雷斯继续说道,

"只有淡淡的海水泡沫，漂在玛格丽特鸡尾酒上。"

就在那一刻，诞生了现在广为流行的盐气玛格丽特鸡尾酒。

与其他我访问过的富有创造力的人一样，安德雷斯也的确经历了灵感闪现的神奇时刻。但假如创造力曲线为理解消费者品位提供了明确的蓝图，那为什么还会出现这些顿悟时刻呢？更为重要的是，我们每个人是否都能在各自生活中创造出顿悟时刻呢？

微妙暗示

设想你现在一间大屋子里。东西散落四处，包括一把椅子和一张桌子，桌子上有一根一头带钩的棍子、一把扳手，以及一段延长线。

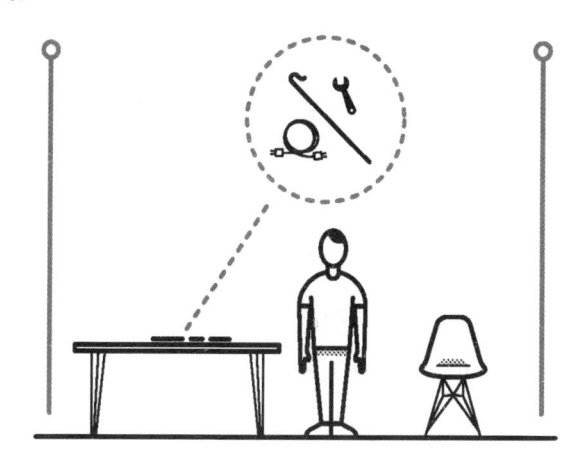

在房间的一侧,一根长绳从天花板垂到地面;在房间的另一侧,同样一根长绳从天花板垂下。

不,这并非恐怖电影里的一个场景,而是一个经典心理学研究的布景[14]。

研究人员向被试提的问题听上去挺简单的:"你能把两根绳子系在一起吗?"但这个问题其实非常具有挑战性,因为这两个绳子的距离。比如,如果被试抓住其中一根绳子,然后朝另一根绳子走,那么他根本够不着。

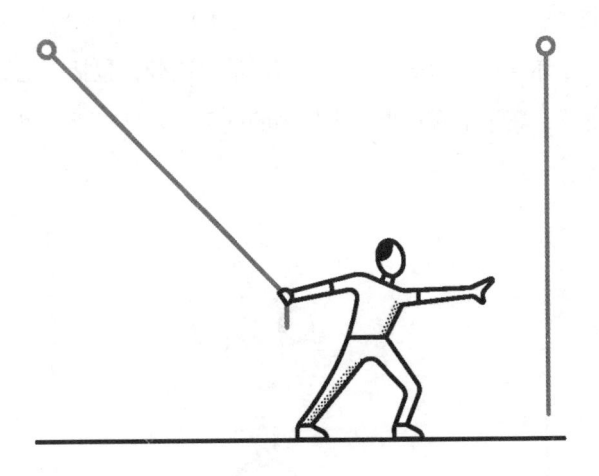

被试被告知可以动用房间里任何帮得上忙的东西以及任何想得出来的手段。要是换了你,能想出怎样的解决方法?(真相是:解决方法不止一个。)

如果你想出了一个甚至更多解决方法，那么祝贺你！因为大多数人都得费好半天的劲儿。不过在你扬扬得意之际，我必须要透露个秘密：解决方法总共有 4 种。在某个被试想出来一种方法之后，研究人员就会上前一步让他"现在换一种方法"，直到被试想出了所有 4 种方法。

第一种方法是：把一根绳子系在一个重物上，比如那把椅子上，然后把重物往两根绳子之间移动，这时抓住另一根绳子往这边拉就可以了。

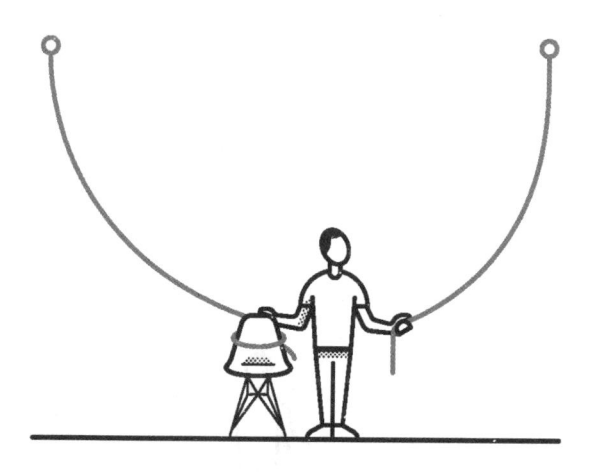

第二种方法是：利用延长线把一根绳子加长，然后牵着它走近另一根绳子。

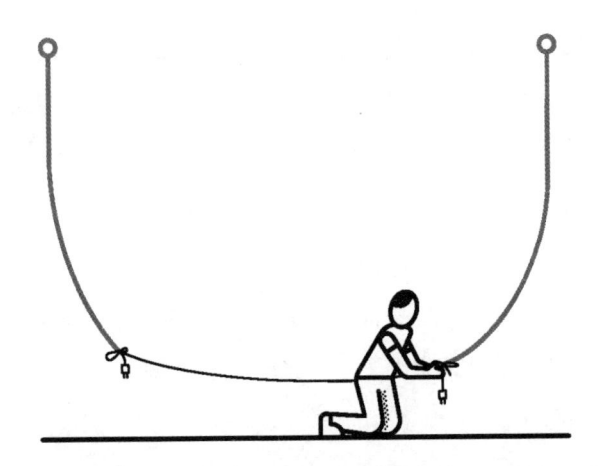

第三种方法是：一只手抓着一根绳子，另一只手用带钩的棍子把另一根绳子勾过来。

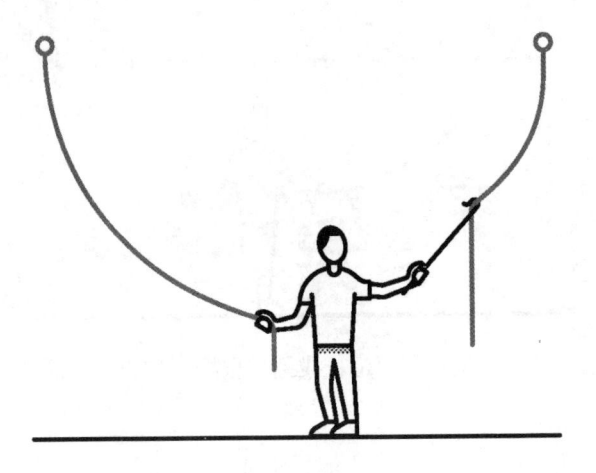

第四种方法是：把重重的扳手系到一根绳子一端，然后让这根绳子像钟摆一样摆动起来，当绳子前后摆动时，把另一根绳子牵过来。

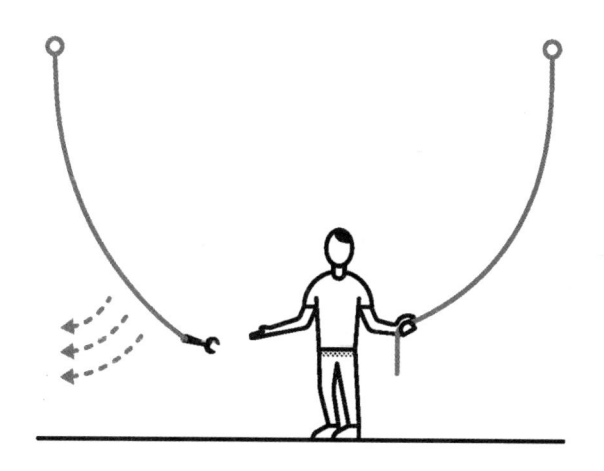

最后一种方法是最令研究人员感兴趣的，因为它涉及了一种彻底转变：绳子变成了一种全新的东西——钟摆。4 种解决方法里只有这一种最不容易想到。

只有 40% 的被试能不借助任何外界帮助想出所有 4 种解决方法。

如果过了 10 分钟但被试还是没有想出第 4 种解决方法的话，研究人员就开始给出一些暗示[15]。第一个暗示非常微妙：一位研究人员会走进房间，看似不经意地触动一下绳子使它摆动起来。

这一暗示促使许多被试想出了第 4 种解决方法。平均而言，被试看到暗示之后在不到一分钟之内就想出了第 4 种方法。

令人奇怪的是，只有一位被试**有意识**地记录下这个微妙的暗示。即便事后得知了研究人员曾做出暗示，其他被试都宣称摆动的绳子对他们想出第 4 种解决方法没有什么影响！是的，大多数人都说想到用扳手来解决问题只不过是源自一刹那的念头，换言之，**灵感闪现**！

即便被试没有意识到这一点，研究人员所做的微妙暗示的确促成了顿悟时刻。

这个双绳实验揭示了两点：首先，解决方法经常是以顿悟的形式突然冒出来的；其次，也是更重要的，即便这类解决方法"感觉"像是灵感闪现，其实背后经常有一个原因。虽然大多数被试都没有意识到那个微妙的暗示，但是他们都无意识地受到了摆动的绳子的影响。

这对于我们探求创造力有着重要启迪。如果科学家能够激发出被试的灵感，那么有没有什么方法帮助我们自己创造灵感呢？

顿悟时刻的科学机制

请看下面三个词汇：

| 冰激凌 | 滑冰 | 水 |

你能想出一个与这三个词都有关并且有意义的词吗？

答案是"冰"（冰激凌、滑冰、冰水）。

如果你想出了这个答案，那么你是如何做到的呢——是它一下子跳到你脑海里，还是你搜肠刮肚想了各种可能的解决方法呢？如果你根本就没想出来，那么你是采取什么方式想的呢？

这类字谜游戏对科学家很有吸引力，因为根据每个人的不同阅历，它们的解决之道有两种：**逻辑分析**或者**顿悟时刻**。

逻辑分析很直白：你仔细考虑某个词是否"适配"，并且以符合逻辑的方式一步一步地进行思考。

顿悟时刻则是指我们在整本书里都在讨论的灵感闪现。借助这种解决方式，字谜的答案会立即跃入脑海或者最多稍微滞后一些，总之都不需要有意识的思考。

由于这类字谜可以借助这两种方法之一得以解决，因此它们就为研究者提供了洞察顿悟时刻的原理的机会。

爱德华·鲍登是美国威斯康星大学帕克赛德分校的一位研究员[16]，他与来自西北大学创造性大脑实验室和德雷塞尔大学的一个小组共同解密顿悟时刻背后的神经科学——它们真的是一种神奇体验还是有什么生物学的解释？

第二部分 创造力曲线的 4 条法则　　153

作为研究的一部分,科学家们让被试在解决各种字谜的同时接受脑电图监测,以便迅速确认脑电波活跃的时刻;以及接受功能性磁共振成像监测,通过测量大脑血流量来确认脑电波活跃的区域。

鲍登等研究人员希望这两种仪器能帮助他们发现顿悟时刻大脑活跃的**时间**和**区域**。

当与脑电图监测仪相连时,被试戴着特制眼镜来读取字谜,在30秒之内想出答案。一旦想出了答案,他们就需要说明是怎么想出来的——是通过灵感闪现还是借助逻辑分析。

56%的答案归功于灵感闪现,42%的归功于逻辑思维,其余2%没有提及任何一种方法。从表面上看,这两种方法似乎差别不大:无论体验的是哪种方法,被试差不多都是在10秒之内就想出了答案。

然而,脑电图监测仪却揭示了完全不同的真相。

当我们的大脑进行感知活动和语言活动时,伽马能带的脑电波就被激活了——这是科学家最感兴趣的一种脑电波。

当被试通过灵感闪现来解决问题时,在想出答案的0.3秒之前,伽马能带瞬间活跃起来。据此研究人员认为,当答案进入人的意识层面时,脑电波就瞬间迸发,代表着顿悟时刻到来!

这意味着顿悟时刻展现了自己独特的脑电波模式。你有没有过这样的体验——眼睛盯着一个填字游戏百思不得其解之际，突然间冒出了答案！这种突然悟出答案的感觉就体现为伽马能带的瞬间活跃。

那么，这种突然悟出的答案到底是从哪里来的呢？

为了找到出处，鲍登及其研究团队把这个实验重复了一次，这次使用功能性磁共振成像来监测被试的大脑。

结果他们发现，当被试报告说体验到顿悟时刻时，他们大脑的右半区活跃起来。这样看来，灵感闪现不仅有其独特的脑电波模式，而且还有其独特的区域。

说到"左半脑"和"右半脑"似乎是老生常谈了，但与此同时，这种区分对于我们理解创造性思想的起源却是至关重要的。

一般来说，我们左半脑负责处理事物的主要意思，也就是我们直接回忆起或间接判断出词汇或概念的定义，比如，当有人问我们天空是什么颜色时，我们左半脑就会脱口而出："蓝色！"

左半脑同时也是进行逻辑分析的区域。比如，当我们要解决复杂的数学运算时，左半脑就开始活跃起来。为什么？因为解出X就需要我们把具体的相关概念输送到意识层前端，然后我们能一步一步地进行运算。这个过程通常感觉比较慢，因为我们必须进行有意识的思考。

我们的右半脑负责储存隐喻联系。研究显示，当我们听到需要借助双关语来理解的笑话时,或者当我们试图理解比喻时,我们的右半脑就被激活了。右半脑处理问题的方式,是通过寻求表面上不同但有潜在共性的概念之间的联系。这一过程是潜意识的,也就是说我们并没有觉察到右半脑在工作、在寻求联系。有些时候,右半脑运转得特别快,比如当我们听一位喜剧演员的常规表演时,我们能轻松判断出这表演为什么搞笑(或者不搞笑);还有些时候,右半脑在潜意识里一直思考着某个问题,花了很长时间才想出答案来。由于右半脑是在我们的意识层面之下运行的,所以我们很少意识到它所耗费的努力,这也是为什么我们经常感觉这一过程是自然而然的。

正如鲍登解释的,"虽然右半脑像左半脑一样也一直在处理语言,但是这两个半脑的结构略有不同——左半脑里的连接更短、更强并且是关于更直接的联系,而右半脑里的连接更长、更弱并且是关于更间接的联系。比如,我说'虫子'这个词,你也许会有意识地想到'钓鱼'和'蚯蚓'——这是左半脑的活动。但是你的右半脑除了想到钓鱼和蚯蚓之外,还会想到'书虫'和'蠕虫'"。

我们并没有有意识地在左右半脑之间切换处理,相反,我们的两个半脑同时在处理问题。如我之前所说,二者的差异在于,右半脑的处理通常是在我们的意识层面之下进行的。我们甚至都没有意识到我们的大脑在做它们正在做的事情——这就是为什么这些看不见的工作最终都转化成了我们以为的"顿悟"。

研究者认为这些顿悟时刻的起源有三。

第一个起源我称之为淋浴时刻。在此种情况下，你的右半脑也许对某个问题有了解决方案，但左半脑把这个方案排斥在外。一旦左半脑经逻辑推演不出一个方案，那它的活跃度就减弱了，一旦左半脑的活跃度低于右半脑的，那么来自右半脑的解决方案就会脱颖而出——灵感闪现！

这就是为什么在我们刚睡醒、出去跑个步，或者冲个澡的时候，我们经常灵感闪现。通常来说，出现这种情况是当我们没有全神贯注在想问题，结果就是灵感突然来袭。你想知道个中真相吗？其实就是当我们的左半脑清空了思考所产生的拥挤混乱时，右半脑中被长期屏蔽的想法得以重见天日。

第二个起源是组合。你的右半脑知道仅凭一个概念是无法得出满意答案的，于是就潜意识地与多重概念联系起来。如果右半脑能够组合出一个可行的解决方案，那么它就被激活了。正是这种脑部活动的突然迸发才创造出那种灵感闪现的感觉。

第三个起源是触发，就像我们在之前的双绳实验所看到的。在此种情形下，某种环境因素潜意识地触发了某种联系，这种联系与你右半脑早已存储的东西相关。比如，我们在做填字游戏时卡壳了，但稍后我们经过一个广告牌，上面就有我们苦思不得的答案时，我们突然有种茅塞顿开的感觉，虽然我们都没有意识到自己刚才看见了那个字眼。

所有这三种方法都是在人类意识层面之下发生的。因此，这些方法的产生经常让人感到神秘就不足为奇了。实际上，这不是什么魔法而是生物学。鲍登解释说顿悟时刻不过就是"正常的认知过程，但带来令人诧异的结果"。

拿铁艺术与大脑处理

现在我们来设想一下你与一位朋友坐在一间拥挤的咖啡馆里。

你正品味着一杯口感独特的卡布奇诺咖啡——杯子中间浮着咖啡师点缀出来的一个心形泡沫，充分享受着生活。

你旁边的桌子旁坐着一对情侣正小声地亲密聊天。虽然他们的桌子距离你的只有一两米远，但你听不清他们在说什么。毕竟你此时的注意力都放在你的朋友和咖啡上。

突然，你听到邻桌的一个人说出了你的名字！

于是你立刻禁不住竖起耳朵听了他们几秒钟，然后你迅速觉察到他们说的是一个跟你同名的人，于是你又重新关注你的朋友和咖啡，邻座的聊天声逐渐隐退到背景里。

你的大脑核心能力之一就是能够对周边世界进行过滤，从而发现什么是重要的事情。在神经科学领域，"重要的"被界定为某样东西不是潜在有害就是潜在有益。你的大脑持续扫描周边世界来找寻这类信息。当它觉得某人或某物既无害处也无帮助时，它就迅速忽略这一刺激源。

我们大脑是如何做到这一点的呢？原来它既利用你的记忆，又利用思维模式来持续评价某人、某物是不是潜在的危险源或回报源。正如我之前所写的，大脑是靠判断某物的熟悉度或新颖性来做到这一点的。

比如，让我们再回到刚才咖啡馆那个例子。当你走进咖啡馆的时候，你很有可能根本不会注意到那里的椅子。椅子不就是椅子嘛。但假如这些椅子跟你家餐厅里的椅子一模一样呢？那么我敢说你一定就会注意到它们。

那么这种识别过程是如何进行的呢？

鲍登解释道，一看见一把认识的椅子就会"自动激发起已存在的记忆，而不需要你再去思考什么'哦，那是把什么椅子'"。这种激发的强度通常会把记忆弹射到你的意识层面。另一方面，假如你看到的那把椅子不同于你对椅子的已有印象（即椅子的原型），那么你也会注意到它，因为那时你的大脑会努力判断你在看的到底是什么东西以及它是否安全。

与典型例子相似的物体以及与我们存储的原型不同的物体都会刺激我们大脑活跃起来。

大脑活跃这一概念是非常重要的，因为它有助于解释为何人们觉得灵感闪现是神秘的。正是由于我们没有意识到这背后的努力，才觉得灵感闪现毫不费力。

灵感闪现看似超自然的另一个原因是，人们习惯于说他们最了不起的想法中有许多都是源于顿悟时刻。当谈论起创造过程时，他们总是说最佳想法似乎就是凭空而来，就像在之前提到的淋浴时刻。一项（当然是由淋浴设备公司做的）调查表明，72%的消费者都说他们是在淋浴时想出答案的[17]。其实他们忘记了一点：伴随着早晨淋浴出现的是他们头脑中潜意识里暂时搁置一边的思索良久的想法！所有这些都旨在说明一点：我们大多数人都倾向于把顿悟时刻与宝贵想法正向联系在一起。

我发现，我访谈的许多富有创造力的人也以同样的方式推崇他们自己的顿悟时刻。

去年某个晚上，我驱车前往位于加州马里布市的一家希腊餐厅与迈克·艾恩齐格共进晚餐[18]，他是当红另类摇滚乐队Incubus的吉他手和词曲作家之一，该乐队的专辑已卖出了2 300多万张。艾恩齐格也为管弦乐队谱曲，担任其他音乐家的专辑制作人，还与电音艺术家合作，比如他与艾维奇合写的电音流行曲《叫醒我》卖了1 100万张。

虽然听上去已然业界名人，但艾恩齐格本人很容易被错当成一名在校研究生。一头蓬乱的长发使他看上去非常适合行走在大学校园或者在图书馆里看书。事实上有好几年他的确就是那么做的——从一名摇滚歌星的生活抽身出来，就读于哈佛大学物理学专业。

艾恩齐格给我举了Incubus乐队最热门的歌曲《开车》为例。他是凭借灵感迸发创作了这首歌曲，然后拿给他的合作词曲作家、乐队主唱布兰顿·伯伊德，歌词很快诞生了。"我记得当时我俩坐在我的车里，布兰顿信口开河地唱了起来，唱完之后歌曲也就诞生了。"这一创作过程包括了许多次灵感闪现，这就赋予了它一种神奇色彩。这两位词曲作者之前没有发生任何争论或争吵，而是不谋而合地创作出一首畅销歌曲。

但是，为什么会这样呢？倘若顿悟时刻能够被追溯到一种简单的生物体验，那么为何它所产生的想法通常感觉要**好过**通过逻辑分析而产生的想法呢？当我向鲍登请教这个问题时，发现原来他和他创造性大脑实验室的同事们也正急于找到同样问题的答案。

他们与意大利的一个研究团队合作，进行了一系列的字谜实验[19]。这些字谜既可以通过逻辑分析解决，也可以通过灵感闪现解决。最后研究者测量了两种解决方法所得出的答案的准确性。

结果发现,人们认为自己所经历的顿悟时刻是特殊的,这真是有其原因,因为的确是特殊的。研究人员注意到,通过看似灵感闪现而产生的解决方案与通过逻辑分析得到的解决方案相比,前者正确度更高。

原因很简单(而且不神秘)。

当采取逻辑分析的方法时,你的大脑便有意识地费力思考问题,于是所想到的尽是零零碎碎的各种答案。这么做的时候,你通常能够意识到哪些想法有问题,但当你不确定时,就只能冒险猜测了。这样一来,你的答案就不可能总是正确的了。

与此相反,顿悟时刻通常出现在右半脑发现了一个完整而准确的答案时。由于我们没有觉察到右半脑在寻找答案时费了多大力,也没有觉察到被它摒弃的那些糟糕想法,因此**感觉**上那种顿悟类型的处理总是正确的,这也说明了为什么顿悟时刻经常被赋予"灵感闪现"的感受。

无论我们谈论的是康纳·福兰特抬头看天空而突然获得了服装设计的点子,还是保罗·麦卡特尼清晨醒来突然写就了《昨天》的曲调,灵感闪现都不是一种什么神秘体验,只不过是一种普通过程。借助这一过程,你的大脑潜意识地处理和解决问题,并把看似不同却有关的概念联系在一起。鉴于灵感闪现带来的答案比逻辑分析带来的答案更为正确，因此我们的文化就为这些"灵感闪现"营造了一种神秘色彩。实际上，这些所谓的灵感闪现不过就是我们大脑的正常功能而已。对我们来说的最好消息就是，这种大脑功能可以被挖掘和提升。

构筑基础

20%法则普遍见于我所访谈的富有创造力的艺术家，因为该法则为顿悟时刻的产生奠定了必不可少的基础。这种先决知识的积累为大脑提供了例子和概念，艺术家利用这些例子和概念来获得不易觉察的洞察力。

鲍登解释了建立先决知识的重要性："人们错误地认为洞察力是一个神奇的能力，以为无须努力就能获得洞察力，其实你必须拥有一定的知识。如果你对事情毫不了解，你就无从获得对它的洞察力。"

这句话值得重复："如果你对事情毫不了解，你就无从获得对它的洞察力。"

顿悟时刻加重了围绕创造力所构建的神秘色彩。与此同时，顿悟时刻的威力和渲染也的确有一定道理，因为正如我们已经看到的，顿悟时刻往往比正常按部就班的逻辑过程更加准确甚至更为优越。

然而，作为一种正常的大脑认知功能，顿悟时刻也是我们可以实践和提高的东西。

想成为一名大作家？那就开始吸收你能接触到的所有书籍吧！想写出更好的剧本对话？那就开始倾听人们在咖啡馆的谈话吧（但是别让人觉得你神经兮兮的）！想成为一名成功的电视界高管？那就夜以继日地看电视吧！20%法则为我们大脑产生顿悟时刻提供了原材料。我们必须为右半脑的运行配备各种记忆和思维模式。没有这些原材料，我们就封闭了我们自身的潜力。

这种大量借鉴、吸收的要求在所有创造性行业都很寻常。康纳·福兰特花了好几年看了海量的YouTube视频，优秀创业者在寻求下一个有利商机时大量借鉴、吸收该领域的信息，何塞·安德雷斯走访食品展销会及不同饭店以吸收新技术和了解新配方。

20%法则不但通过提供大量典型例子使得灵感闪现成为可能，而且也通过文化自觉性使富有创造力的人洞悉人们将对什么感到熟悉。泰德在录像带商店打工的经历使得他了解顾客会喜欢哪些类型的故事、形式和结构。由于知道了某个想法过去和今天会分别落在创造力曲线的什么位置，泰德得以引领网飞在节目原创方面达到一个全新高度。

如果你的目标是实现主流意义上的成功，那么你第一步就应该是沉浸在你感兴趣的领域中，让自己充分接触并充分吸收各种信息。这将有助于你想出与他人的成功相似的点子。

但是别着急。在你开始大量借鉴、吸收书籍、CD（光盘）、电影及电视节目之前，我需要指出一个可能很棘手的问题。

实际上我们许多人已经正在借鉴、吸收大量资料了。根据美国劳工部的统计，普通美国人每天要看三个小时的电视节目，几乎占了他们20%的清醒时间。

从表面上看，就观看电视节目的体验而言，大多数美国人不是已经遵循20%法则了吗？

倘若我们都已经借鉴吸收了大量电视节目，那么为什么没有更多人创造出受欢迎的电视节目呢？

借鉴、吸收的主要职责就是帮助你识别出某样东西为大众熟悉的程度。但是创造力曲线同时还要求你**创造出**程度恰好的新颖性——仅仅识别出新颖性是不够的，你必须增加程度**恰好**的新颖性。为了实现这一目的，创造者还必须不断进行一件看似奇怪的行为：模仿。

第8章　法则二：模仿

当贝弗利·詹金斯只有 9 岁大的时候，她就开始步行前往位于底特律东郊格莱特奥大道与伯恩斯大街交汇处的马克·吐温图书馆[1]。

詹金斯出身贫寒，底下还有 6 个弟妹，她很早就发现读书是一个绝佳的逃离现实的方式。"图书能带你走遍世界，"她告诉我，"它们会告诉你世界上的其他人和地方是什么样的。虽然我家境不好，但我从不缺乏爱心、精神力量和支持之类的东西，并且这些书都是免费的。"

随后 7 年里，詹金斯每周六都会去图书馆借阅新书。如果有一天她没去，那不是因为她失去了读书兴趣，而是她要在家读完从图书馆借阅的每一本书。

当我第一次听说她读完了马克·吐温图书馆的每一本藏书时，我还以为她是在夸大其词！哪知道她是认真的："科幻小说、《火星纪事》《沙丘》、非虚构类文学作品、西部小说、赞恩·格雷……我读完了图书馆里的所有藏书，不管是什么书。"

詹金斯的这段高强度阅读体验培养了她对图书和图书馆的永恒热爱。大学毕业后，她供职于一家制药公司的咨询端，但仍然保持着贪婪阅读的习惯，尤其喜欢读20世纪70年代开始出现的浪漫小说。

许多流行的浪漫小说都属于历史浪漫小说类型，读者饱览了各种关于王后、王子以及禁忌的维多利亚时代爱情的故事。没过多久，詹金斯就发现了一个问题：这些小说中的主人公几乎全是白人，没有拿得出手的关于美国黑人的历史浪漫小说。针对这种情况，她做了一个决定：写一本**她自己**想看的书。她构思的这本书的主人公是一位黑人士兵，隶属美国内战期间由黑人组成的第10骑兵团，这位士兵爱上了一位乡村教师。

詹金斯写完了这本书，却只能面对一个现实：没有哪家主流出版社愿意出版一本美国黑人题材的小说。她的一位同事也是浪漫小说迷，也一直在写浪漫小说。这位同事想方设法把自己的小说卖给了一家出版商，为此惊叹不已的詹金斯告诉同事，自己也写了一本小说。

这位同事坚持把詹金斯的书稿要过来读了一遍，几天之后告诉詹金斯赶紧去找一家出版商。

詹金斯尽管对此半信半疑，但还是找到了一名经纪人，请他帮助四处提交手稿。正当各出版商的拒信都快贴满她家的墙壁时,电话铃响了,是雅芳图书公司的一位编辑打来的。詹金斯回忆道:"就像人们说的,后来的事大家就都知道了。"

她的处女作《夜歌》出版之后,该书一跃进入了主流杂志的视野。《人物》杂志以5个版面专门报道詹金斯,相关书评也越来越多。詹金斯一时间引领了一类全新类别的书籍:黑人历史浪漫小说。

詹金斯开创了一种既熟悉(历史浪漫小说)又新颖(小说主人公是黑人)的写作风格。她所处的时代正值出版社开始将更多的美国黑人声音付诸出版。在毫不知情的情况下,詹金斯击中了创造力曲线的甜区。从那以后,她创作了大量小说,总计销售量突破了150万册。

浪漫小说占据了美国小说市场的1/3以上份额,每年销售额超过了10亿美元,使得浪漫小说这一类型成为美国所有出版社的重要赢利中心,包括历史浪漫小说、超常浪漫小说、情色浪漫小说以及其他许多形式的浪漫小说[2]。84%的浪漫小说读者是女性,她们中的许多又是中年妇女。

尽管如此,浪漫小说经常被指责为刻板俗套的作品。

萨拉·麦克莱恩的作品曾登上《纽约时报》浪漫小说畅销榜,她每个月为《华盛顿邮报》写一期关于浪漫小说的专栏[3]。

她也是研究这一类型小说的历史专家,她与我探讨了一部成功浪漫小说的核心元素。

首先,读者期待这本浪漫小说或这一系列浪漫小说都以"从此他和她过上了幸福生活"(或者至少"眼下他和她过上了幸福生活")这样一个时刻作为收尾。在麦克莱恩看来,这使得浪漫小说更令人愉悦了:"浪漫小说作者与读者之间达成了一种默契,即小说结尾总是有一个'从此他和她过上了幸福生活'的时刻。这样一来,读者即便在阅读过程中为小说情节担惊受怕,但也知道小说结局必将化险为夷。"[4]建立起一条到目前一切都熟悉的基线,这种约束使得读者和作者都感到舒服。

其次,这类小说的另一个典型特点就是所谓的"黑暗时刻",指主人公遭受了使之丧失了全部希望的一系列情景或际遇,整个小说的中心浪漫关系破碎了。麦克莱恩说:"此时不但读者和小说中的人物感到茫然,就连作家本人似乎都看不出事情该如何解决,男女主人公怎样才能破镜重圆。"这种情况经常发生在小说快要结束时,于是接下来的故事情节就聚焦在如何使小说人物重新回到原来的状态。这一黑暗时刻增加了小说的戏剧性和紧张感,尽管读者都知道小说主人公最后会否极泰来。让读者猜测小说中的人物将如何化解危机,不但能抓住读者的注意力,而且还能增加小说的张力。

最后一点——这一点毫不令人奇怪——就是浪漫小说的内容通常会涉及性爱。正如麦克莱恩所说,"浪漫小说作家动用性爱就像恐怖小说作家运用谋杀,才能推动小说情节"。如果不谈性,就很难写出好的爱情故事。"当主人公经历感情并发生性关系,这种复杂经历就改变了故事的叙述方式,也改变了故事的发展脉络。"

当读者购买了一本浪漫小说,当然想见到融合了上面提到的三大特征的熟悉结构。然而这些反复出现的特征却使得浪漫小说被指责缺乏原创性。贝弗利·詹金斯对此不以为然。"我不觉得浪漫小说与其他小说有何不同,"她说,"西部小说能不涉及坏蛋和警长吗?或者一群马吗?推理小说能不涉及一具死尸和极力破案的人吗?"

那么,是否所有艺术都依赖于某种套路呢?

灰姑娘套路

库尔特·冯内古特一生写了14部长篇小说,包括著名的《五号屠宰场》,该作品使他载入了美国小说史册[5]。虽然取得了这么大的文学成就,但冯内古特认为自己"最大的贡献"并不是哪部图书,而是他研究生阶段没有获得通过的硕士毕业论文。

冯内古特曾在芝加哥大学人类学系攻读硕士学位，不幸的是，他痛恨人类学[6]。（"对我来说，读人类学方向的研究生真是个大错误，因为我无法忍受原始人——他们太愚蠢了。"冯内古特曾经这样说过。）尽管冯内古特对自己的专业兴趣索然，但他高度评价自己的硕士毕业论文。在读研究生期间，他就已经着迷于小说的情感脉络了。在他的硕士毕业论文中，冯内古特提出，每一篇小说都可以通过一张坐标图表现出来，纵轴显示好运气和坏运气，横轴显示时间。他在一次讲座中阐述了以上概念，并把相关内容收录在他的文集《没有国家的人》中。

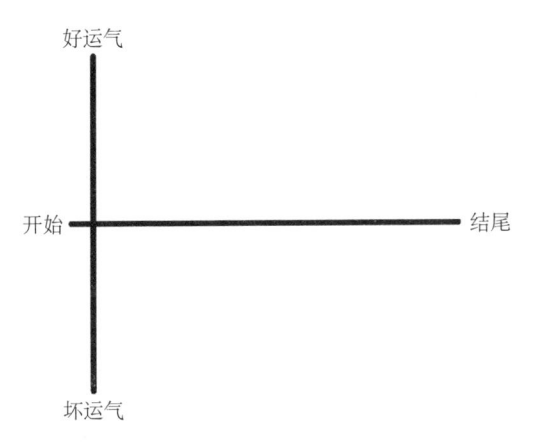

借助这张坐标图，冯内古特开始梳理著名小说的情感脉络，继而发现了 4 种常见的小说类型。

第一种类型是"洞穴人"。

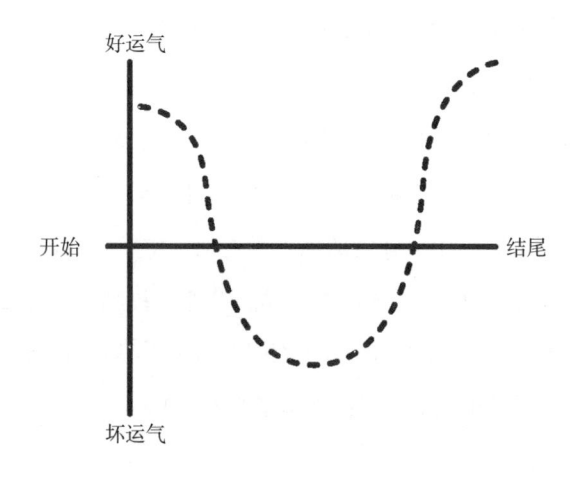

```
        好运气
         │
         │    ╱⌒╲          ╱⌒
         │   ╱   ╲        ╱
开始 ────┼──╱─────╲──────╱────── 结尾
         │         ╲    ╱
         │          ╲  ╱
         │           ╲╱
         │
        坏运气
```

冯内古特认为"洞穴人"是最流行的一类小说。他在一次讲座中说道:"现在我告诉你们一个营销窍门——那些买得起书和杂志并看得起电影的人才不喜欢听贫病交加的人的故事呢,所以你的小说要从这里写起(他指着竖轴的顶点)。你将不断看到这样的小说。人们都爱这么写,并且它也不是谁的专利。"然而,"洞穴人"的含义并不像这名字本身那么明显,冯内古特强调:"故事虽然是'洞穴人',但其实既不需要一个人,也不需要一个洞,而是指某个人陷入了麻烦,但又摆脱了麻烦(如虚线所示)。这条虚线的结尾处要高于起始处,这是有意为之的,能够鼓励读者。"

第二种类型是"邂逅"。

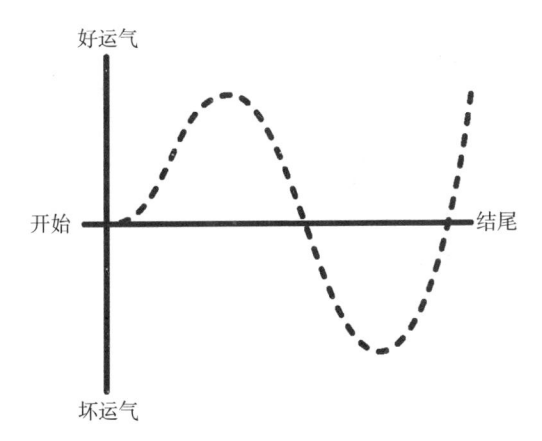

```
        好运气
         |
         |    ___
         |   /   \           __
         |  /     \         /
    开始 |_/_____/_____结尾
         |         \      /
         |          \    /
         |           \__/
         |
         |
        坏运气
```

这也许听上去像一本纯粹的浪漫小说的结构，但冯内古特所指更为宽泛："这不一定是关于一个男孩遇见一个女孩（开始划线），而是某个很普通的人在很普通的一天撞见一件极其美好的事：'哦，乖乖，今天是我的幸运日！'……（向下划线）'该死！'……（再把线往上划）然后又恢复了向上。"

冯内古特还发现了另外两种故事脉络。

第三种类型是"灰姑娘"。这类故事包括上升、下降、再上升到最大幸福点，而不是平铺直叙的浪漫情节。这类经典著作包括《简·爱》《远大前程》以及《灰姑娘》，这些作品都有同样的脉络——一个引人入胜的故事，最后主人公都实现了自己最狂热的梦想。

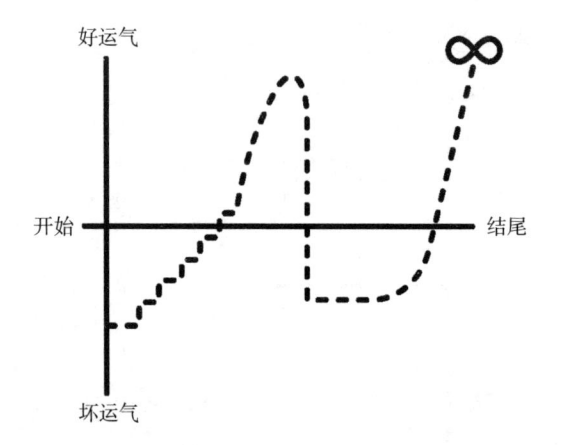

第四种类型是"卡夫卡"。这类故事也许是最悲惨的。

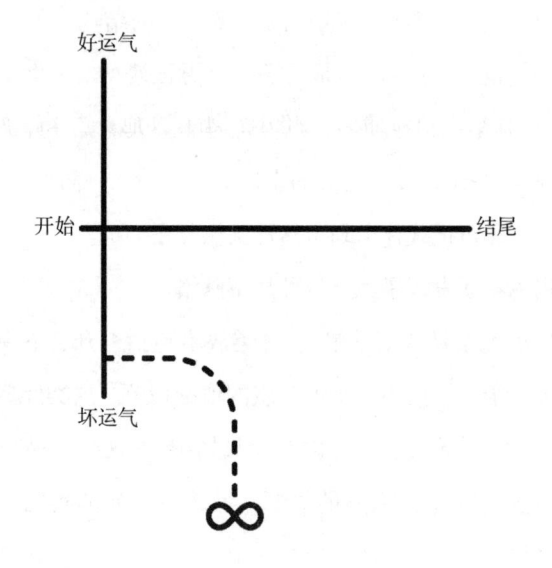

冯内古特说:"一个年轻人,相貌平平,风度一般,没什么体面的亲戚,干过许多工作,都没晋升。他收入微薄,既没钱带女友去跳舞,也没钱请朋友喝啤酒。一天早晨他醒来后,又到了该上班的时间,他却变成了一只蟑螂(向下划线直到无穷大符号)。这是一个令人悲观的故事。"

这些观点不是特别鼓舞人心。

这些观点都出现在冯内古特1985年的一次讲座上,该讲座后来被上传到了YouTube。多年以后,有位研究者无意中看到了这个视频,发现冯内古特说的一句话特别契合他正在做的研究。冯内古特的这句话是这么说的:小说的这些简单图形没有理由不能被输入电脑中,它们可都是漂亮的图形啊!

哦,小说的图形能被输入电脑?还有其他方法来证明这些小说都具备重复使用的模式吗?

这位研究者迅速召集了一批学界精英,包括情感分析专家、统计专家和计算机专家[7]。以佛蒙特大学为基地,他们决定借助最新的数据分析工具来看看是否能发现冯内古特提到的小说情感脉络的发展模式。

为此,这些研究者从一个在线数据库下载了大量小说,该数据库还显示了每本小说的被下载次数,研究者可以由此得知哪些小说是最流行的。然后研究者把这些小说的全部文本用一系列古里古怪的分析过程来运行（像什么"通过单值分解的矩阵分解""通过凝聚进行的监管学习""通过自我组织地图进行的非监管学习"）。这些过程和方法使研究人员最终梳理出了与冯内古特的图形相类似的故事情感脉络。除此之外，他们的研究还能够发现某本书的某个部分是否涉及好/坏运气。在对整本书进行分析之后，得到的数据就能让他们绘制出"故事图形"——真的就像冯内古特所说的那样。

他们不仅发现了冯内古特所发现的那4种小说类型（他们最终发现了6种类型），而且还明确发现有些类型比其他类型更加流行。实际上，这些数据显示，最流行的小说类型还真是冯内古特所说的"洞穴人"。

科学证实了冯内古特的猜测：的确存在着作家们普遍选择的小说类型。然而，大多数作家是无意识地套用这些模式还是有意遵循呢？

为了回答这个问题，我们先绕道到电视界看看。

约束的起源

你或许以为突破性成功来自打破某种模式，其实，这种成功只能来自遵循某种模式并利用适当的新颖性。

《喜新不厌旧》是ABC（美国广播公司）推出的一部颇受欢

迎的情景喜剧。到目前为止，该剧已经播出了四季，被提名一项艾美奖和一项金球奖，正准备推出姊妹篇《成长不容易》。该剧主角名叫德瑞，他出身贫寒但后来成为广告界的高管，他和黑白混血妻子彩虹抚养了4个孩子。《喜新不厌旧》这部电视剧探讨了德瑞的内心冲突——他希望他的4个孩子在与周围白人朋友同化的同时仍能保持他们的黑人身份和传统。比如，有一集，德瑞12岁的儿子想要为自己即将到来的13岁生日举办一个犹太男子成人礼，因为他羡慕他的犹太朋友们有这样的传统。

作为一部虚构的作品，《喜新不厌旧》比大多数电视剧都更有自传体的特点。就像剧中主人公德瑞一样，该剧制片人肯亚·巴瑞思也出身贫困，后来也就职于创意领域，也娶了一个黑白混血妻子（名字也叫彩虹），并且也力图将自己的身份传承给在郊区长大的孩子们[8]。

《喜新不厌旧》就是巴瑞思自身生活的小说化版本。

我很好奇，电视剧是否也具备类似于小说故事脉络的结构或模式，巴瑞思帮助我解答了这个疑问。

住在洛杉矶的人们总是苦于交通拥堵，并且如我所发现的，他们也非常乐意边开车边打电话谈论他们的创造性过程，只要双方都不介意其他车辆的鸣笛催促声。巴瑞思在上班途中与我通电话，解释了情景喜剧的每一集都有一种传统的三幕式结构，呼应了亚里士多德在公元前 335 年《诗学》中所介绍的经典结构。

"第一幕是关于独特主题或事件的介绍或主题陈述。"巴瑞思说道。在关于德瑞儿子想举办一个犹太男子成人礼的那一集里，主题就是文化身份。

巴瑞思继续说道："第二幕是事件主体，或者是你所处理的、你所解决的、你所进入的这一独特事件的多愁善感和妙趣横生，以及它如何与我们的家庭相关。"在那一集中，第二幕表现出德瑞召开了家庭会议来讨论他儿子的身份危机，并决定为儿子举办一种传统的非洲式的通过仪式。

"第三幕将是解决，在此你对相关信息或主题或我们围绕相关主题提出的任何问题，已经到了它是如何被应对的以及它如何发展到使你不堪重负的地步。"在这一集中，问题解决了：德瑞允许儿子有一场以街舞为主题的犹太男子成人礼。他意识到他的孩子们将有一个不同于他的童年，并且这一演进只不过是生命的一部分。

为什么巴瑞思依赖于这种三幕式结构呢？

巴瑞思解释道，在幕与幕之间有一段"幕歇"，这是你在每一个电视节目中都能看到的。在每一次幕歇时，就是广告插播的时间。

电视台的广告要求设定了情景喜剧的结构。"你必须给播三次商业广告,再加上一段结尾。"巴瑞思解释道。(一段结尾是大多数节目结尾时简短的附加内容,在最后一则广告之后播出,这就迫使观众必须观看最后一则广告。)"因此,你必须留出 4 则广告插播机会。"

简言之,巴瑞思和他的编剧们受到外部施加的**约束束缚**。他们的节目及其他节目都需要适应某种人为规定的结构。这一点自从肥皂公司赞助电视节目(故称"肥皂剧")以来都是这样的。你也许会以为富有创造力的人们会痛恨这些结构,是肆意施加于他们身上的规定。然而令人奇怪的是,巴瑞思发现这些约束对于任何电视节目的成功都是非常重要的。"就创作剧目而言,我们卖了这么久的肥皂剧,这种结构已成为表演的一部分。如果没有幕歇,那么这些故事就不成样子。我觉得这种做法实际上是有作用的,有助于组织我们的想法。"

这种类型的结构和模式普遍存在于所有创造性领域。当烹饪时,大厨要注意比例:撒太多的盐,意大利面条就毁了;加太多的苏打,你的油酥面团就会变成摩天大楼。歌曲作家需要把歌曲制作成特定长度,以便在收音机里播放。取决于不同类别,作家对于自己书中应该有多少字数都有某些限定(相信我,这对于读者也是好事)。当然了,在使用推特时,每一则推特消息必须遵循字数限制。

当我四处采访创造者时，我发现他们绝大多数人都享受这些约束——大厨享受食谱背后的科学，音乐家享受写一首歌不超过三分钟的挑战。结构、公式、模式、配方、范式等这些都不是负担，实际上它们是被广泛认同的行业工具。稍后我将更为详细地探讨创造者**为什么**享受它们，但是首先请允许我提出一个更为基础的问题：即便创造者看上去都很欣赏这些模式，他们的观众是否也有同感呢？

流行音乐的科学

研究者格雷戈里·伯恩斯是一位神经科学家，他在看似八竿子打不着的地方发现了一个研究想法：《美国偶像》[9]。

一天晚上，伯恩斯与他女儿一起观看《美国偶像》，他听见参赛选手克里斯·艾伦正在翻唱摇滚乐队 One Republic 的名曲《道歉》[10]。

这首歌曲听上去如此熟悉，但伯恩斯一时间想不起来为什么。

终于想起来了！三年前，伯恩斯进行了一次关于音乐品味的研究，他让几位青少年参与者进入一台功能性磁共振成像机，然后让他们听他从网上找到的歌曲[11]。

其中一首歌曲就是当时相对还不怎么有名的 One Republic 演唱的《道歉》。

伯恩斯禁不住思考：三年前他通过功能性磁共振成像机收集的数据是否已经预测到了该歌曲后来将大受欢迎[12]？

于是他把数据重新翻出来。三年前，他让青少年参与者听的是多种类型的 120 首歌曲片段。在他把参与者放入功能性磁共振成像机之后，他问他们最喜欢哪些歌曲。伯恩斯想看看在某人自己声称的喜欢的歌曲与他们大脑的实际反应之间是否存在着任何联系。

这一研究揭示了一些有趣的结果。虽然现在伯恩斯只是想知道参与者的大脑反应与一首歌的未来销量之间是否存在着任何联系，但有一个根本的问题是：我们的大脑能预测出歌曲的流行程度吗？

他首先做的一件事情就是对照着他自己收集的数据来检验在线歌曲销量数据库 Nielsen's SoundScan。他研究了他所测验的 120 首歌曲中的每一首歌曲的近三年销量数据。

随着他进一步分析这些数据，结果显现出来了，的确存在一种相关性。结果表明，实验参与者的大脑对于后来广为流行的歌曲有着一种独特的反应。用神经科学的术语来说，就是伯恩斯发现了在伏隔核（我们大脑奖励系统的一部分，调节多巴胺的释放水平）与未来歌曲销量之间存在一种相关性。

更令人惊奇的是，参与者对每首歌的主观评价与未来歌曲销量无关，至少在当时无关。参与者所喜欢的歌曲并不是后来的热门歌曲。参与者无法有意识地预测未来流行的歌曲。仅凭他们的口头表述，可以很肯定地说他们压根儿不清楚什么会成为流行歌曲，但在潜意识当中——爬行动物的水平，他们的大脑能够观察出哪些歌曲会流行。

那么参与者的大脑到底注意到了什么呢？伯恩斯说："我的直觉是它释放出某种不同寻常的信号、某种有趣的信号，因此也许它击中了你所熟悉的甜区，但又不是同样的旧东西。"

换言之，伯恩斯谈论的是创造力曲线。

参与者对熟悉但又带有一定新颖性的事物做出反应。在本书的先前章节里，我解释了大量借鉴、吸收如何为我们提供了工具，让我们得以了解什么是熟悉的，但我也指出了仅有熟悉是不够的。在这一章，我将聚焦创造新颖性所必备的工具。

混合文化

作为弗吉尼亚大学的大三学生，艾利克斯·欧哈尼恩有一个目标：避免得到一份"真正工作"[13]。他和室友斯蒂夫·霍夫曼花了大量时间试图用头脑风暴创造出互联网初创企业，以此来逃离"真正工作"。

最后的结果就是 Reddit 诞生。

如果你还从未访问过 Reddit，那么你就错过了各种新闻、可爱的动物、富有争议的讨论以及挑战 Reddit 社区的诸多名人。带有一个可爱的外星人标识的 Reddit 自诩为"互联网首页"——其访问数也称得起这名头。Reddit 每月活跃用户超过 3 亿人，并且是世界上第七大访问量的网站（亚马逊排名第十）。正如欧哈尼恩所解释的，"当说到英语世界时，Reddit 就是全球资讯集散地，它代表着时代精神，始于这里的讨论经常会在几个小时或几天之后蔓延到互联网的其他地方"。

在 Reddit 众多为人所知的事物中，其中一个就是谜米（meme）的传播。谜米是指荒唐可笑的图案和文字。许多谜米最初源自某个用户在 Reddit 发了个稀奇古怪的图案，然后其他用户开始给它添加文字。

就像"脾气暴躁的猫"。

一天，布莱恩·班德森与他妹妹的新猫玩耍，他突然意识到这只猫的表情看上去像是皱着眉。于是他就在 Reddit 上发了一张这只猫的照片，一夜之间该网站的用户在疯传这张照片。很快就有人在这只脾气暴躁的猫的图案上添加了他们自己的内容。

> A LITTLE BIRD TOLD ME IT WAS YOUR BIRTHDAY
>
> I ATE HIM

脾气暴躁的猫有一个简单的结构。在图案上方，有一句话看似积极或中性，像"有一只小鸟告诉我今天是你的生日"。在图案下方，还有一句表达脾气暴躁的话（"我把它吃了"）。网民对这个模板进行了改造，创造出他们自己的版本并与好友分享，或者放到像 Reddit 和 Imgur（在线图片托管服务网站）这样的网站上。

我找到了本·拉什斯，他工作职责十分独特：谜米管理者。他帮助开发人们（和动物）的"副业"，使之在互联网这个不停旋转的搅拌机里流传开来。他也负责管理三只最著名的猫的谜米：键盘猫（一只貌似在弹奏钢琴的猫）、彩虹猫（一只身上带着小圆点花纹的动画猫）以及脾气暴躁的猫（正如你所知，是只脾气很差的猫）。拉什斯的工作就是确保谜米的创造者们保护他们的品牌并实现商业变现。什么样的保证条款会增加品牌价值？什么样的保证条款会破坏品牌趣味？

拉什斯告诉我："脾气暴躁的猫对于猫来说就像灰姑娘，因为它生活在菲尼克斯城外的一个小镇，地处沙漠中央，居民不超过250人。它从名不见经传到全世界的人都在谈论它的脸。"脾气暴躁的猫的互联网声誉已经转化为真实世界的名利。2013年，宠物食品生产商喜悦公司就把脾气暴躁的猫签为该公司的"代言猫"。

我于是禁不住问拉什斯一个必须要问的问题。

脾气暴躁的猫在现实生活中真的脾气暴躁吗？

拉什斯哈哈大笑道："它是一只非常非常温顺的猫，它非常友爱。但要是有人发现了这一点，那就会破坏它的声誉。"

欧哈尼恩向我解释了任何Reddit用户都能创造可分享的内容，类似脾气暴躁的猫，而且"谜米降低了内容创造的门槛。它们创立了每个人都可以理解的指导方针，这就大大降低了智商要求"。你看一眼谜米，就会立刻知道90%的玩笑所在，你立刻知道脾气暴躁的猫脾气暴躁。欧哈尼恩告诉我："有趣之处在于那10%的转折或者是图案的说明文字，那使得更多的人成为内容创造者，因为混合一个已有的谜米要比创造一个全新的谜米容易得多。"实际上，通过事先规定了一个熟悉的结构，谜米使得创造内容变得容易起来，也就轻易进入了创造力曲线的甜区。

正如我们在浪漫小说类别所见到的克里斯汀·阿什利和不断变换的守门人一样，互联网在改变创造力的权力结构方面也起了很大作用。欧哈尼恩把这看成是从上至下文化与从下至上文化二者之间的区别。"从历史上来看，从上至下文化是我们会与文化联系在一起的东西。从历史上来看，你需要传播渠道才能创造这类从上至下文化。这就像一家唱片公司说，'你的音乐很好，我们准备在全美所有广播站都播放你的音乐'。但是从上至下文化的守门人会淹没由个体创造的文化。纽约布朗克斯区某个说唱歌手是在创造一种文化，但是只有当某个机构注意到他并且说'好吧，我们现在开始推广他'时，他所创造的才能成为一种'文化'。"

在欧哈尼恩看来，非传统文化的成功，包括谜米和自出版的作家，都是读者能够在线发现这些创造的结果。"事实上，虽然文化总是由个体从下至上地创造出来，但缺乏传播渠道。互联网在一定程度上扩大了渠道。只要你能进入互联网，只要你能使用互联网，那你现在就有了一个平台。我们如今在互联网上看到的都是即时性文化创造。"

与其他先锋一样，欧哈尼恩也同样认为，无论是从上至下的还是从下至上的，所有文化都是"混合"构成的。对欧哈尼恩而言，创造大多是与对某种熟悉事物的改编有关。"没有多少真正原创的点子。原创性与创造性实际上都只是将已有事物聪明地混合在一起。"谜米是有趣图案的混合，电影也是。《星球大战》是一部西部片的混合：好人和坏蛋相互追逐，只不过这一次他们是在太空而已。许多流行音乐，比如保罗·麦卡特尼的《昨天》，就是对先前存在的和弦进程的混合，或者实际上就是对一首先前存在的歌曲的混合。大厨们经常"混合"传统的家庭食谱以吸引新的食客。

实际上，约束促成了一种"混合文化"。它们给了创造者一种确保熟悉性的框架，同时又允许他们创造出10%、20%或者30%的新颖的东西。它们允许创造者以一种持续的方式使得创造力曲线系统化，而不仅仅是昙花一现。

这种方式不单单是创造者便利的工具，实际上也是生理机能的结果。正如我之前解释过的，我们的大脑会对具体模式做出反应。我们无须顾虑应如何利用这些生物欲望，创造性方式提供了捷径，它们反映了多少代富有创造力的人们探究、吸收和复制成功的模式。具有讽刺意味的是，约束释放了创造者，使其能够**专注于**创造力曲线的新颖部分。

但是仅仅知道约束**存在**并没有任何帮助。你需要学习大师们采用的方式。该从哪儿开始呢？

富兰克林方法

美国开国元勋本杰明·富兰克林是马萨诸塞州人，他年轻时深深自惭[14]。

他曾与一位朋友在书信中争论女性是否应该受教育，他父亲碰巧看到了这些书信。他父亲并没有为争论的话题而心烦意乱——富兰克林完全支持女性受教育，这不是问题所在，让他父亲心烦意乱的是富兰克林的文笔之差。难道富兰克林就不能表达得更清楚些吗？

像我们很多人一样，富兰克林也不想让他父亲失望。他发誓要提升自己的文采。

为了实现这个目标，他开始阅读《旁观者》杂志，这份杂志在18世纪英国和美国咖啡馆都很流行，以其高水平的文笔和对全球事务的尖锐观点著称。对富兰克林来说，这是可模仿的最佳写作范本。

富兰克林想出了一个主意：他将仿照他所欣赏的一篇文章的大纲，列出每一部分的要点。大纲完成后，他就以这个大纲重写这篇文章，并且精雕细琢。写完之后，他会把自己写的和原作进行对比，来看看自己写得怎么样。

在花了一些时间斟词酌句之后，富兰克林给自己增加了难度——他开始搅乱他的大纲。他现在不仅要写好文字，而且还必须想出最有说服力的方式来组织这篇文章。

最终效果如何？这一做法奏效了！随着富兰克林不断进行这种模仿练习，他发现自己的写作水平变得越来越高。在某些方面，他的成品甚至比原作还好。后来他写道："我有时很高兴地想象在某些方面，我幸运地改进了文笔，这鼓励了我想象也许有一天我会成为一名还说得过去的作者，对此我矢志不渝。"

这种类型的模仿是我在本书写作过程中采访创造性人才时屡次听到的。我称之为富兰克林方法的做法涉及对于成功的创造性工作的结构进行仔细观察并再创造。创造者利用富兰克林方法来理解那些已经被证明有效的方式或模式。在这一过程中，他们充分接触了熟悉度的基准线，并且又增加了新颖性。富兰克林方法不仅是一个具有历史意义的事件，它对于理解和掌握今天这个数字世界的创造性过程仍然至关重要。

一个现代应用

安德鲁·罗斯·索尔金是传媒界的一位文艺复兴人士，他创办了甚为流行的《纽约时报》的交易书博客[15]，担任 CNBC 电视台《扬声器》节目主持人，写作了畅销书《大而不倒》，并联合创办了热门节目《亿万》。

就像本杰明·富兰克林一样，索尔金也开始于模仿。

索尔金和我在 Skype 上交流[16]。他还是一名 18 岁的大学生时，索尔金就开始在《纽约时报》实习了，他深受报社员工的喜欢。当他大学毕业时，他得到了一份所有新闻专业学生都羡慕的工作：被聘为《纽约时报》驻伦敦记者站的商业记者。于是他前往英国开启职业生涯。

问题是，他才刚刚 22 岁，没有新闻记者的实际经验。"我吓坏了，"索尔金回忆道。你怎样才能写出值得这份伟大的报纸刊登的报道？

于是不知不觉中，索尔金采用了富兰克林方法。他找出前些年《纽约时报》中的类似新闻报道，研究它们的格式：报道是以一句引用语开头的吗？作者在什么时候概括要点？"我都几乎要把我自己的文章变成了一种接龙游戏，"索尔金回忆道。他开始构建一种理想格式的大纲，然后把他自己的故事融入这个大纲。"我讨厌这么说，"索尔金今天说道，"不过我当时苦苦寻求模式。"富兰克林方法迅速教会了他商业写作的基础要素，并帮助他在职业上突飞猛进。

当索尔金创作《大而不倒》时，他再一次遵循了富兰克林方法。"我去书店买了 5~10 本我最喜欢的商业类书籍，研究它们讲述了什么、如何讲述的，以及我喜欢和不喜欢的地方。"他很快发现他喜欢的这些书惯于在不同场景之间跳跃，以此吸引读者。

索尔金在他自己的书中模仿了这一点，使得全书清晰易懂。但他并未满足于此。比如，他喜欢的《傻瓜的阴谋》一书以开车的场景为开篇，从而给全书带来推进感和运动感。于是他借鉴了这种方式来开篇。

对于索尔金和其他大多数创造者而言，站在其他人的肩膀上，洞悉并掌握先前创造者们已确立的模式，就能够创造出独特的作品，兼容了熟悉度与新颖性。实际上，模仿帮助索尔金熟悉了创造性约束，从而使得他能够在已历经时间检验的框架中传递他最有说服力的新思想。

正如索尔金和富兰克林所发现的，获得这些模式的最佳方法就是模仿。如果我们模仿我们崇拜的人，并且仿照他们的成功之道，那么我们就更接近我们所需要的模式，从而在创造力曲线的正确区域创造出内容。

在借鉴（知识和经验）与约束之间，我们现在知道该如何提升我们自己的创造性产出。这两个工具能够帮助你创造出融合了熟悉度与新颖性的想法，从而进入创造力曲线的甜区。然而这只是给事物赋予了流行潜力，要把一个有潜力的想法转换为主流思想还需要另外两个因素。

在我们谈话快结束时，索尔金说了一个很重要的观点："我深深受益于认识了很多我尊敬的作者。我跟他们通电话，相当于亲自采访他们，力图了解他们所汲取的经验教训，避免重蹈覆辙。"

　　换言之，索尔金整合了一个社区的人供自己学习。正如他所言，"在每一次努力尝试中，我都有一个可以请教的对象"。无论是电视节目《亿万》的联合创造者还是他作品的编辑，索尔金已经养成了一种习惯，即置身于其他富有创造力的人群当中。大众也许视创造者为单打独斗的天才，但是随着我与现实生活中的创造者不断打交道，我发现真实情况根本不是这样的。

　　实际上，构建正确类型的社区也许是创造过程中最重要的部分。

第 9 章　法则三：创意社群

关于创造性天才的流行形象，是一个极其聪明的神经官能症患者独自一人取得了超人般的创造力成就，孤身隐居于某一处隐喻性的小木屋里。这一形象几十年来为大众皆知。在《钢铁侠》动画片以及随后的电影系列片里，托尼·史塔克是一个非凡的天才，他经营着一个巨大的企业帝国，并设计、制造了他自己的钢铁侠铠甲。但是这一理念的存在已经超越了小说——特斯拉公司和太空探索技术公司的埃隆·马斯克就经常被比作史塔克。

但关于自力更生的天才的神话显然都是一派胡言。埃隆·马斯克雇用了好几千人帮助他创造出未来技术。几百年前，莫扎特花了无数时间向他的老师们学习，并且还寻求大量的合作者。

即便是在写这本书的过程中，我发现创造力非常像一种团队体育运动，然而我们的文化神秘学（至少是在美国）却极为关注个体。我自己也承认，我讲述的大多数故事都是关于个体人物的，而不是关于围绕在他们周围的群体。

但是忽略创造力的社会属性会有严重的后果。

研究表明,在我们周围打造一个社群对于实现世界级的成功是必不可少的。一项来自加利福尼亚大学的研究分析了 2 000 多名科学家和发明家的社交网络,结果显示从一个创新者的社交网络可以推算出他的能力、效率乃至职业生涯长度[1]。

还一项研究发现大量世界级表演者(从艺术家到运动员)都曾在严格且富有经验的老师指导下学习[2]。

还有一项对成功艺术家的研究发现,一名艺术家的声誉与他和其他成功艺术家的关系呈正相关[3]。

这并不是简单地说你需要合作者。我发现富有创造力的人在他们的社交网络里有 4 种不同类型的人:一位大师级的导师、一位意见相左的合作者、一位现代的缪斯、一位著名的促进者。每一个角色都由一个个体或一个群体扮演。没有哪个角色比另一个角色更重要:只要一个角色缺失,一个人的创造性成功就会打折扣。汇集在一起,这些就构成了创意社群——直接和间接影响着一个人的创造过程的社群。

创意社群是最重要但又最少被研究的创造力的一方面。

在我的访谈中,我不仅发现了这 4 个角色必不可少,而且我还知道了富有创造力的人是如何发现(或吸引)这些重要人物的。

接下来，我们将回答两个关键问题：这些人为何如此重要？我们怎样才能发现他们？

让我们从打开收音机开始吧！

一位大师级的导师

泰勒·斯威夫特的专辑《1989》迄今已卖了1 000多万张[4]，它里面有三首蝉联第一的单曲，该专辑被认为是过往10年中最成功的唱片之一。

当你一想到泰勒·斯威夫特，她的可口可乐广告歌曲就可能跃入脑海：泰勒在幕后写着她的流行歌曲《22》，随意弹奏着吉他，随意在本子上写下歌词。她展现出一种有机的、毫不费力的创造力。

但是当你看一下词曲作者（或者上网查查看），你就会发现新的情况：几乎所有斯威夫特的歌曲都非她一人独力完成。她那三首蝉联第一的单曲呢？那三首都是由马克斯·马丁与舍尔拜克合写的。

谁是马克斯·马丁？谁又是舍尔拜克？

你可以叫马丁"受欢迎的医生"，但那绝对不能彰显他的成功与才能[5]。美国国家公共广播电台曾称他为"隐藏在所有你喜欢的歌曲背后的斯堪的纳维亚的秘密人物"[6]。马丁实际上是现代流行音乐之王，他是排在约翰·列侬和保罗·麦卡特尼之后的拥有最多冠军单曲的人[7]，包括凯蒂·派瑞的《我吻了一个女孩》、Pink 的《那又怎么样》、魔力红的《再多一夜》，以及其他 19 首。

舍尔拜克为马丁工作，他是为马丁工作或经其方法培训过的十几名歌曲创作者之一。比如，马丁教过戈特瓦尔德，后者为泰欧·克鲁兹和凯莉·克莱森写过流行歌曲；他也教过萨文·考泰查，后者为单向组合乐队写了好几首歌。马丁的其他门生还包括本尼·布兰科，他受过戈特瓦尔德的指导，因此相当于马丁的徒孙。布兰科为贾斯汀·比伯和魔力红写过冠军单曲。

当你看一下 2014—2016 年美国乐坛公告牌冠军单曲榜时，马丁的影响力规模就显而易见了。在这三年当中，总共有 29 首冠军单曲，其中 21% 是由马丁单独完成或与人合写的，另外 7% 是马丁门生写的。这意味着排行榜上每三首歌曲就有一首是由同一小群朋友和合作者写的。这些还只是冠军单曲，还不包括所有其他由马丁及其合作者写的排行前十和前一百的歌曲呢！

一个这么小的词曲作者圈子如何能够控制一个富有创意的领域呢？

马克斯·马丁的才能不仅在于他听觉敏锐，而且在于他教其他人词曲创作方法。曾经为桑塔纳、席琳·迪翁及珍妮·杰克逊写过歌，并且受教于马丁的阿瑟·伯格森在一次大会上被问及如何写歌时，他解释道马丁教过他一种方式，"在一首歌中永远不要使用超过三个的旋律部分……三个部分不断循环用作主题、副歌，这样当副歌开始时，你实际已经听过，但其实那只是刚开始"[8]。

马丁不仅教给他的门生创作歌曲的限制和模式，他还帮助他们完善技艺。正如刻意练习那一部分所写的，向富有经验的老师学习并从他们那里得到反馈是培养和打磨创造力技能的一个必不可少的步骤。

邦妮·麦琪是一位与马丁及其团队许多人共事的词作者[9]，她与他人合作，写作了许多歌词，包括泰欧·克鲁兹的《炸药》、凯蒂·派瑞的《加州女孩》等。在一次《纽约客》的访谈中，她说起了为马丁写歌词的经历，"要求非常精确，每一行歌词必须包含一定数量的音节，并且下一行必须是上一行的镜像"。

数学是写出一首好的流行歌曲的核心元素。实际上，马丁把他的创作过程称为"包含旋律的数学"，他的理由显而易见。正如麦琪所说，"人们喜欢听到那些听上去像是之前听过的歌曲，那会使他们想起自己的童年，以及他们父母亲曾经听过的歌曲"。

或者，如我们所说，他们喜欢听到熟悉的东西。

马丁也为麦琪提供了她需要改进技能的反馈。"我能写出一些我自认为不错的歌词，"她说道，"但是如果它不能令人耳目一新的话，就得不到马丁的认可。"像马丁这样大师级的导师在创造过程中是必不可少的。马丁这样的人能成为大师的原因是他们实现的成功水准已经超越了典型的富有经验的实践者。画家乔纳森·哈迪斯蒂在南达科他州的画室找到了一位大师级的导师，安德鲁·罗斯·索尔金与更年长、更睿智的作者成为朋友。

大师级的导师发挥两种重要作用：他们传授约束是什么，并且通过反馈给予刻意练习的辅助。熟悉约束所在也使得学生们更快地进步，因为他们完善了自己的技能。

20世纪80年代初，一位研究者研究了120位高成就者的生活，对象包括数学家、雕刻家、运动员[10]，旨在追寻这些人的早期岁月来发现他们成功的共同点。研究者将他的发现写成了一本书：《开发年轻人的才能》。一个重要的发现是：在所有领域，他所研究的每一位个体都曾接受过大师级的导师的指导。

那么，你如何吸引到一位大师级的导师呢？他们是招之即来的吗？为了寻求答案，我去洛杉矶拜访了一位摇滚歌星出身的投资人，他交友甚广，从拥有亿万身家的零售业大亨到主宰我们今天流行榜的街舞巨星。

初出茅庐者与亿万富翁的学习模式

D. A. 瓦拉赫，33岁，满头红发，他的导师包括法瑞尔·威廉姆斯、吹牛老爹以及Weezer乐队的瑞弗斯·柯摩[11]。

在好莱坞山区一个浓雾的早晨，瓦拉赫和我坐在他装修了一半的住宅的院子里。我兴高采烈，瓦拉赫甚至比我还开心。瓦拉赫是集艺术家、音乐家、投资人三重身份于一身的人。在他投身商界之前，瓦拉赫曾是红极一时的独立乐队 Chester French 的主唱，这是他在哈佛大学读书时成立的一支乐队。在他毕业之际，该乐队成为一场收购战的目标——坎耶·维斯特和法瑞尔都想将它纳入自己旗下。

最终，瓦拉赫及乐队与法瑞尔签约了，后来推出了专辑《爱未来》。该乐队最终淡出了乐坛，但是瓦拉赫仍然与音乐世界保持着联系——他曾经担任过一段时间的 Spotify（声田）创作艺术家，帮助这家初创企业与音乐界建立了良好关系；他也曾在2017 年的电影《爱乐之城》里扮演过一名歌手[12]。

在音乐和艺术生涯以外，瓦拉赫也投资了包括 Spotify 和太空探索技术公司在内的多家企业，今天他还是 Inevitable Ventures 基金的合伙人，这是他与零售业亿万大亨雷恩·伯克尔联合创立的，主要投资高增长的技术企业。

这位曾经的年轻乐队成员是怎样与说唱歌星、亿万富翁及技术公司建立联系的呢？

瓦拉赫把他的成功主要归功于那些他虚心学习的人："我总是觉得别人知道全部答案，于是我就盯住他们不放，希望他们能够指点我。"比如,在哈佛大学读书期间,他发现 Weezer 乐队主唱瑞弗斯·柯摩暂停巡回演出而来到哈佛大学读书。瓦拉赫在学生通讯录里找到柯摩的电子邮箱,发了封电邮约见面。不久,他们二人就在一起吃晚饭,瓦拉赫得以向当代摇滚最著名的人物之一了解音乐界的事。

瓦拉赫继续寻求导师,"我还让其他许多人**被迫**成为我的导师",秘诀在于充满好奇心,"我每天 90% 的时间都是在问问题"。

重要的一点是,不要等着别人关照你,要自己主动开始这一过程。如果你遇见了某个人,他在你想了解的领域非常成功,那就主动接近他。保持好奇心,坚持不懈!正如瓦拉赫和其他人所发现的,大多数人都很乐意分享他们的经验和知识。你所要做的就是主动问他们。

也不是只有年轻人和缺乏经验的新手需要大师级的导师。实际上,许多我采访过的成功人士都有所谓的逆向导师。

大卫·鲁宾斯坦是凯雷投资集团的联合创始人兼联合 CEO[13],该集团是世界上最大的私募基金公司之一,管理着 1 580 亿美元,净值达到 25 亿美元。此外,鲁宾斯坦还是 30 多家非营利机构成员,他主管着其中的 7 家,包括肯尼迪中心、美国国家博物馆、对外关系委员会。他还主持着彭博电视台的《大卫·鲁宾斯坦秀》,采访欧普拉、比尔·盖茨等一众名人。

我们俩坐在科罗拉多州阿斯彭的一处院落里，当时我们是来参加每年一度的阿斯彭创意节，这一盛会吸引了从著名芭蕾舞演员到金融界大鳄等许多人物。我和鲁宾斯坦谈论起他是如何学习新事物的。我受触动最深的是，这位手握几十亿美元的60多岁男人行事风格居然听上去与瓦拉赫的非常相似。"我喜欢会见非常精明的人，他们知道我所不知道的事情，"鲁宾斯坦说道，"我花大量时间问他们问题。"和瓦拉赫一样，鲁宾斯坦也秉承基于问题的谈话风格：他总是索取更多的信息，"对我来说问别人问题很容易，并且我喜欢别人告诉我一些我不知道的东西"。

很快，他那种激光式的方式就转向了我："你知道一些我应该知道的事情吧？你可是大数据专家啊！"

这一模式反复出现在我的访谈中。

凯文·瑞恩，我们在此前遇见的互联网连续创业者，他也注重向具备专业知识的人们学习，"对我而言，一次成功的会见就是只有30%的时间是我在讲——因为要是全部时间都是我一个人在说，那我就学不到任何东西"。瑞恩也许开创了许多家估值在9~10位数的公司，但他仍然主要关注向别人学习。"昨天我跟我女儿16岁的朋友谈得很开心，她了解大量关于教育的理论以及不同的教育系统，"瑞恩告诉我，"你可以向任何人学习。"

随着我不断采访别人，我发现许多最成功的人同时也是最开放、最愿意创造出学习和脆弱性时刻的人。

怎样创造出这样的时刻呢？

我发现，最好的方法就是把新人带入你的轨道。比如，瑞恩是借助美食做到这一点的。"我的方式之一是晚宴。我们会邀请政界的某位人士、互联网公司的某位人士，以及一些随机挑选的人士。"如果你不喜欢请人吃饭，那么另一种方式就是邀请同事出去喝杯咖啡。

如果你已经成功了，那么把别人纳入你的社交网络就会相当容易。但是如果你才刚刚起步呢？我们不可能都考入哈佛大学，然后在哲学课上与摇滚歌星肩并肩。[①]

集聚效应

一位年轻女子正在打扫位于旧金山索玛街区的帕克酒店大堂。这家酒店的大堂有着暗淡的绿色墙壁，几把长条椅随意摆放。实际上它算不上一家酒店，而是有着公共卫生间的经济适用房。当她继续打扫的时候，她注意到一位摄影师在拍照。35 年之后，那张照片成了一系列照片的一部分，展现了索玛街区的绅士化。35 年来，洛杉矶——尤其是索玛街区——已经从贫穷地

---

① 如果你对如何与潜在导师建立联系感兴趣，我整理了一份电子导引，详细告诉你怎样去做。请访问 TheCreativeCurve.com/Resources。

区变成了住不起地区。

曾经一度破败的索玛街区今天的办公场所的租金是每平方米约 725 美元（直逼昂贵的曼哈顿），小型公寓的房价是每平方米约 12 000 美元，也就是说一间小小的 50 平方米的公寓要花约 60 万美元——足够在许多郊区买一套大房子了[14]！帕克酒店已经变成了一个技术社区，信心十足的创业者和软件工程师以每月 1 000 美元的价格租住在非常小的房间里。

那么为什么人们一窝蜂地搬到这里呢？

索玛街区在不知不觉中把自己变成了初创企业的中心地带。在不大的一片区域内，你会发现推特、Salesforce（客户关系管理软件服务提供商）、Pinterest（图片社交分享网站）、Zynga（社交游戏公司）等公司的总部大楼，以及谷歌、Yelp（点评网站）、Adobe（奥多比）等公司的办公室。随着越来越多的技术公司搬到这一街区，越来越多的人也随之而来——工程师想接近其他的工程师，CEO 想接近其他的 CEO。

社会学家称这种现象为集聚效应。

几十年来，以其著作《创意阶层的崛起》而闻名的理查德·佛罗里达一直在研究密度对于创造力的影响[15]。在一项研究中，他带领研究团队研究了 240 多个大城市，然后将创造性工人的密度与专利数量进行对比——这是对创新水平的一种反映[16]。

他们发现，随着密度增加，创造性人群凑得更紧了，然后专利的数量也上升了。佛罗里达向我解释了这种影响有多么大："创造力高密度的地区比创造力低密度地区的创新能力高出 6 倍。"这不是简单的在某地区创造性人才数量的问题，为了刺激最佳创新，创造性人才应相互匹配。

这其中的原因正是学者所说的知识溢出效应。在这一过程中，随着人们相遇、结成网络及彼此交流，思想就得以分享了[17]。当一名艺术家告诉另一位艺术家他发现了一种新技巧，或者当一位研究者向一位企业家提及了一项新技术时，这时知识就转移或溢出到了另一个人那里。从本质上说，这种教学过程亘古不变。

高密度不仅有益于发现导师，还有益于发现合作者。佛罗里达说："在一个城市、地区，有大量有才能的人在竞争与合作，相互间组合与再组合。正是在那种非常达尔文式的过程中，达尔文式的利润动机下，你开始取得成功。"

为了产生这些溢出效应，面对面的关系也是非常重要的。人们彼此认识是不够的。紧密的空间意味着你和我有可能在街角的咖啡馆相遇，或者在等公交车的时候相遇。

为了融入这种环境，我们愿意支付溢价以便在索玛街区这样的地点生活和工作。当然，那里的建筑很独特，带有沧桑感，但更大的驱动力是我们想要学习的人住在那里。

成为像索玛街区这样的集群中的一员，对于发现大师级的导师是至关重要的。

毋庸置疑，不是每个人都能承担得起搬到这些高密度的富人区。但是拜访或者花时间在那里逗留也是接近导师的好方法，他们可以提升我们的创造性成功。

一旦你置身其中，发现导师的机制简单明了：好奇心。像瓦拉赫一样提问题，让别人看到你想要学习。成功的人都欣赏这种品质，他们会很愿意关照你。如果你已经积累了一些经验，那就去找那些你所不知道的领域的专家，然后问他们问题。凯文·瑞恩也许创造了数十亿美元的价值，但他仍然追求在会谈中只占用30%的时间。

如果你这么做，你就增加了发现一个甚至更多大师级的导师的可能性，这是你创意社群中 4 个必备角色中的第一位。这些导师会向你展示你所在领域的模式和方法，这样你就不必从头做起；他们也会给你反馈，帮助你更快掌握你的技能，就像马丁对他的学徒一样。

刻意练习表明，我们都需要向比我们更先进的人学习。但仅仅**学习**技艺本身是不够的，最终我们也必须要**创造**某种东西。你的创意社群的下一位成员对于践行你的思想是必不可少的。

意见相左的合作者

布兰达·查普曼的妈妈在一张白纸上画了一条线。实际上,也许更应该叫作信手乱画了一条线[18]。

她转过身对着 4 岁的布兰达,让她根据这条线画出点什么。布兰达能够看出事物表象之外的东西吗?

小姑娘盯着这条线看了半天,然后开始把线连接起来。她加了一个鼻子,又加了一副耳朵(嗯,大概像是耳朵吧),又画了一个微笑。

小姑娘停了下来,看着她的作品。

"是一条狗!"

它看上去不像一条狗,但妈妈还是面露喜色。布兰达展现了创造力,她无中生有地画出了个东西。

很快,这类游戏就点燃了布兰达·查普曼的激情。她放学后会冲回家里画画,并且连续几个小时观看动画片《兔八哥》。无论她在哪儿,她都不停地画些小场景和人物。在伊利诺伊州,冬季和雨季都很漫长,当幽闭烦躁症来袭时,小布兰达在一张大毯子的帮助下,把她家客厅的咖啡桌变成一个堡垒。她偷偷地钻到里面,仰面躺下,然后开始在桌子的底面画画。

妈妈从未发现布兰达在家具上画画,然而就算她发现了,她也不会生气。重要的是布兰达正在做自己喜爱的事。

不久之后，布兰达就宣布自己想成为一名动画绘制者。那些她放学后观看的动画片，那些她画的速写，都成为她新的志向。转眼之间，她就读于加利福尼亚艺术学院，朝着动画绘制者的职业方向发展。

妈妈并不知道，但是对于布兰达·查普曼而言，那些早期的插画游戏最终变成了破纪录的动画片生涯。布兰达后来成为《狮子王》的故事主管（第一位在一部动画大片中担任故事主管的女性），之后她共同导演了梦工厂的《埃及王子》，成为第一位执导动画大片的女性。她后来又打破了另一层玻璃天花板：成为迪士尼－皮克斯出品的《勇敢传说》的编剧和导演，并成为奥斯卡最佳动画片的第一位女性得主。

创造世界是最令布兰达·查普曼感到自在的。她向我阐明的一点就是，创作一部电影不是一个人能独自完成的事。实际上，就布兰达而言，一部成功的电影是众多有才能的人合作的结果。动画电影需要故事艺术家、动画绘制者、制片人、编剧、导演、片方主管，以及市场营销人员。这一过程是重复的，每个人都给予彼此反馈。这些拥有不同才能的人聚在一起工作，才为观众提供了他们所能享受到的最广泛的电影视角。

比如，故事艺术家画出一系列精选画面，并且在开工之前就创造出了电影的连环画版本。据查普曼讲，这就使得导演"能够发现有哪些人物以及他们是如何表现的。这些主题正确吗？速度可以吗？它只是初级蓝本，故事艺术家要一直写、演绎和绘画"。

虽然查普曼是导演，但她的技能和知识上仍有欠缺。毕竟查普曼是从故事艺术家转为导演的，不是从音响工程师或者市场营销人员转行的。要是没有其他人执行相应责任，她是不可能实现她的导演和创造愿望的。

因此，在大多数创造性工作中，合作是必不可少的。尽管这一点看上去也许显而易见，但当我采访创造者时，让我好奇的是哪种类型的合作者最为有效。为了解开这个困惑，我与两位年轻的创造者进行了交流，他们刚过去的一年富有启示。

停止、合作、倾听

本杰·帕塞克充满活力,而贾斯廷·保罗却安静、思考深入,在回答问题前习惯于停顿片刻[19]。尽管看似不和谐,他们俩却组成了歌曲创作二人组合"帕塞克与保罗",广受欢迎,而且他们为《爱乐之城》写的歌词荣获了金球奖和奥斯卡奖。在我采访他们的两周前,他们又因为他们创作的音乐剧《致埃文·汉森》而获得了托尼奖,该剧成为当年一票难求的百老汇演出剧目。

他二人在大学的芭蕾舞课上成为朋友,都有一个共同特征:完全无意合作。正如帕塞克回忆道:"我们在课堂上相互躲藏,想一些分散注意力的名头,这样老师就不会注意到我们。"当帕塞克与保罗第一次见面,帕塞克意识到保罗是一位钢琴好手,于是邀请他帮着修改帕塞克在高中时写的一些流行歌曲。

不久,他们就在校园里一间很小的练习室里共同创作了,正如保罗回忆道:"我们还没有意识到是怎么回事,我们就已经在一起写歌了。"

第二年,他俩都试图在校园音乐剧里担任主演,但是都失败了。失望之际,他们决定创作他们自己的音乐剧《边缘》,是关于发现生命意义的歌曲合集。该剧的演员包括没能出演官方音乐剧的学生们。

《边缘》不止是一时之乐。该剧视频上传到了Facebook上,受到大家热捧，很快美国各地的学校团体都要求上演《边缘》。

这样一来，他二人迅速被认为是音乐剧的未来。著名制片人都想成为他们的导师，媒体也追捧他们。然而，帕塞克与保罗在彼此身上看到了什么？什么使得他们的合作成功？

对帕塞克而言，保罗提供了他所需要的大纲，以引导他的想法成型。"保罗在他的创造过程上、在如何度过人生上，以及在如何组织时间上都表现得非常严格。"对帕塞克来说，这种系统性思考是极其宝贵的。"没有他，我就不会这么重视这件事，并且我也知道了，能创造出那种大纲对于自己和对于创造过程都是非常有价值的。"

对于帕塞克而言，像他这样的大思想家－梦想家－流浪者，需要像保罗这样的规划者－修补匠－家庭至上者。创作一部音乐剧极少是一蹴而就的，帕塞克－保罗组合使得双方都蓬勃发展。早期制作经常是在纽约市以外进行。要是他们在一个二线市场做得好，那么他们就可以搬上外百老汇的舞台。《致埃文·汉森》是在华盛顿的一家剧场里开演的 [20]。虽然当地媒体对它极尽溢美之词，但是有一个问题：第一幕的结束曲《我的一部分》没有让观众感受到戏剧张力。更糟的是，这首歌曲并不正面，有些人甚至认为它消极。对于外百老汇版本，帕塞克和保罗创作了一首新歌《被包围》，但这首歌也没达到理想效果。

保罗想创造出更好的歌曲，但是如何做到呢？他一筹莫展。于是他求助于帕塞克，后者开始头脑风暴，写满了三页纸。对保罗而言，这种滔滔不绝的想法正是他需要的。"无论是一堆好点子还是九个好点子一个好点子，只要让想法流淌开来就是有好处的。有时我面对所有这些问题就会无能为力。"根据经验，保罗知道他在过程中过于冥思苦想会使他陷入偏执。他需要一个合作者来点燃新的想法。要是没有帕塞克，保罗告诉我，"我就会丧失创造能力"。

在日记本上，有一句话吸引了保罗的注意力："你会被发现。"这句话最后就成了《致埃文·汉森》第一幕结束曲的名字。除此之外，帕塞克说道："它成了一个真正的大主题，贯穿了我们如何拯救自我以及我们如何相信自己会安然无恙。"当《致埃文·汉森》在百老汇首演时，《纽约时报》评论中有一句话让人感到尤其甜蜜："尤其难忘的是第一幕结束时的那高涨的颂歌《你会被发现》，而且它在第二幕中又重复出现"[21]。

通过为彼此提供对方不能单独完成的某样东西，帕塞克–保罗组合实现了巨大而持久的成功。

话虽如此，合作却并非总是一帆风顺的。有时候两个人不同的看法会造成摩擦。然而，最后的结果并不是妥协，也不是一团糟，保罗认为他们二人相互争论反倒比任何一方单独工作时效果要好,"并不是各退一步,而是向前推动,因此我们不仅是在一个横向平面上移动,而且还在纵向上移动"。

因为这个原因,我把一起工作的理想人选称为**意见相左的合作者**。从根本上说,你不想与一个非常容易迁就你而不推动你的人合作。你的目标是找一个能帮助你发现并克服自身缺陷的人。

理想的合作者能平衡彼此的劣势并提供不同的看法。毕竟创造力是一项团队运动,即便你找不到像本杰·帕塞克或贾斯廷·保罗那样密切的工作伙伴,但起码还有别的合作者。比如,帕塞克和保罗就与一位作家合作——他写了《致埃文·汉森》的对白,还与一位导演合作,以及与一位确保资金的制片人合作,就更不用说与那些演员和歌手合作了。

在人才聚集的环境中,很容易找到一个意见相左的合作者。对于本杰·帕塞克和贾斯廷·保罗来说,那个环境就是戏剧文化浓厚的大学;对于布兰达·查普曼来说,那个环境就是洛杉矶的加州艺术学院。许多我访谈过的浪漫小说作家都从美国浪漫小说作家协会里找到合作者,双方不仅结下友谊而且还提供反馈及编辑方面的帮助。

当然,互联网也使合作以及发现同好更加容易。在网上,画家乔纳森·哈迪斯蒂从同行那里得到建议和意见。

虽然拥有一位大师级的导师和一位意见相左的合作者似乎已

经很了不起了，但这并不意味着你的创意社群已经完整了。你还需要另外两位社群成员，其中一位是**现代的缪斯**——能够持续激励你的一个或者一群人。如果你致力于一种创造性工作，那么你难免会遭遇低谷。找到能帮助你克服这些难点的支持体系，就会恢复你的精力和乐观，并使你更有可能实现世界级成功。此外，这些缪斯还能经常提供创造力的原材料。最好的情况是，他们也不必是纯支持性的，实际上，有时候最佳灵感来自友好竞争。

一位现代缪斯

对一些孩子来说，《周六夜现场》是他们父母亲看的节目，是为"大人们"演的。但是对于哈瑞·孔达波路而言[22]，《周六夜现场》是一种童年的仪式，这并不奇怪，因为他和他的朋友们痴迷于喜剧。"我们钻研喜剧，但并没有意识到在钻研喜剧；我们看《周六夜现场》，把它录下来，再重看；我们看单口相声，听单口相声。"

阅片无数使得孔达波路爱上且深刻理解了单口相声。最终，他把对喜剧的热爱与对社会正义的激情结合起来，创造出一种独特形式的社会喜剧。今天，《纽约时报》称他为"单口相声界最令人激动的政治喜剧演员之一"[23]。他在全美巡演，并且他最新的专辑《主流美国喜剧演员》名列喜剧专辑排行榜第二。

我跟孔达波路取得了联系，是因为我想了解一下喜剧演员的创造过程。在他讲解过程中，让我深有感触的是他的成功很大程度上来自他为自己构建的创意社群。

孔达波路年轻时，这一切就开始了。他的弟弟也喜欢喜剧，于是他们俩就成为彼此最早的观众。当孔达波路长大一些时，他发现他的朋友们也是他职业的重要组成部分。"有时候我与朋友们的交谈很有趣，我就会把它们记下来，因为我收集想法。我不轻易放过任何事，因为它稍后可能会有用。"虽然孔达波路的朋友们本身不是合作者，但是他们成为强大的灵感之源，他们就是我所谓的现代缪斯：不仅为创造者提供材料而且提供实际动力的人们。对孔达波路而言，其他喜剧演员也起到了这种作用。孔达波路发现，与其他喜剧演员在一起的时候，他就激情倍增，"当喜剧演员在一起的时候，他们周围就有一种能量场"。

创造性过程坎坷，或许一个更好的词是遍布陷阱。创造性人物需要其他人来为他们提供度过艰难时刻的能量。尽管支持和灵感总是好的，但是最好的现代缪斯也通过友好竞争来推动。

竞争观点

凯西·奈斯泰特是早期的视频明星。早在 YouTube 出现之前，他就制作短视频并上传到网上了。在 2003 年，奈斯泰特上传了一段三分钟的视频,是关于他试图让苹果为他更换 iPod(苹果数字多媒体播放器)电池的[24]。很快这段视频就被主流媒体转载,数百万观众观看了视频。HBO 电视网曾邀请他创作类似内容的节目,但该节目只持续了一季[25]。遭到了主流媒体拒绝的重创,奈斯泰特决定全面上线,或者用他自己的话说就是,"我奔向了张开双臂欢迎我的 YouTube"。他在 2010 年第一次把关于个人生活的视频发布到 YouTube 上,今天已有超过 890 万用户订阅他的频道,大部分视频的点击量都超过 100 万次,有些甚至多达 2 000 万次[26]。与此同时,奈斯泰特还开启了一家视频共享初创企业 Beme,后来被 CNN(美国有线电视新闻网)据说以 2 500 万美元的价格收购了。

奈斯泰特也许是他视频中的主人公,但在现实生活中他周围是充满创造力的很多人。

"我所有朋友的职业都是符合他们各自的创造力的,"奈斯泰特告诉我。这一类别也包括了他的妻子,她创办并经营着两家珠宝公司。身处创造性能量之中不仅激励了奈斯泰特,而且还提升了他和他周围的人:"我们相互促进,这是一种神奇的相互受益的关系。"

大多数创造者都喜欢与和他们有友好竞争关系的人做朋友。YouTube 明星康纳·福兰特很好地解释了这一点:"每当我的朋友做出了有趣、独特并且高水平的事，对我就很有启发。我就会进一步推动自己朝着那个水平努力。"

和奈斯泰特一样，福兰特也有一种许多富有创造力的艺术家都有的欲望：去会见那些有着同样远大抱负的人。"我试图使我的周围人都专注于真正有趣、有创意的事物。我有一些朋友，专辑销量第一；还有一位朋友赢得了美国青少年选择奖。"

将你自己置身于富有创造力的人群当中，无论他们来自什么领域，这给予了许多创造者激励动力，帮助他们克服了自己工作中的低潮。在你创意社群中的现代缪斯不仅通过安慰和认可来激励你，还可以向你展示什么是可能的。比如，康纳·福兰特的朋友们展示了 YouTube 明星不一定只有视频创作这一个领域，这就为他后来创办其他公司铺设了道路。

如果这些人已经是你的朋友了，那么发现他们就很容易。但是如果你没有像这样的朋友呢？要是你从头开始呢？为了回答这些问题，我们再次拜访艺术史上的一个多彩时代。

租用一个高挑开敞空间的神奇力量

杰里米·戴勒是一位著名艺术家，他在 2004 年获得了声名显赫的特纳奖，该奖授予重要却又富有争议的现代艺术家。然而很久前，戴勒不过是一位住在伦敦的 20 岁青年，刚刚获得艺术史学士学位，并且痴迷于安迪·沃霍尔[27]。当戴勒听说沃霍尔要来伦敦访问时，他决定找机会跟沃霍尔合张影。

戴勒到了安东尼·达菲美术馆，沃霍尔正坐在一张桌子旁给纪念品签名。戴勒走上前，于是沃霍尔在戴勒的棒球帽上签了个名。

稍后，当戴勒在美术馆漫步欣赏时，他结识了沃霍尔的一位朋友，邀请了戴勒参加沃霍尔和他朋友们的聚会。

当戴勒到的时候，沃霍尔与他的五个朋友正坐在那里观看电视里的喜剧表演，同时还听着英式华丽摇滚。随着那个晚上的开怀畅饮，戴勒最终成为沃霍尔的艺术对象，同意戴着怪异的帽子进行拍照。

那个晚上结束时，戴勒收到邀请，前往沃霍尔的纽约工作室"工厂"度过两个星期，那也是沃霍尔与朋友聚会的场所。

戴勒曾经把沃霍尔的工厂描述为今天创业公司办公室的早期版本。"这是一个非常时尚的工作/娱乐环境，非常适合像谷歌这类的技术公司，"他说，"所有房间都是相互打通的……有个门直接通到另一栋建筑，那里是《访谈》杂志（沃霍尔的杂志）的总部。因此整个工作室的布局完全是在沃霍尔的脑子里的：有出版部，楼上的电影制作、绘画工作室，商务部门，餐厅。他创造了一个世界。"

给戴勒留下深刻印象的是沃霍尔这样的大人物在工厂里是多么喜爱社交,"他非常健谈,这对他来说是信息收集。他总是参与各种社交网络去闲聊,然后把这些都加工成艺术"。戴勒描述了沃霍尔怎样"把各种有雄心和创造力以及不同技能的人聚集在他周围。他在工厂里创造的工作氛围就是适用于创意社群的一种范式。你能从人来人往中获得创造艺术所需的想法。"

沃霍尔建造了一个现代缪斯与合作者的社群,这些人分享着他的想象力和敏感性。尽管我们大多数人都把与我们有着共同经历的人当作朋友,富有创造力的艺术家寻求的个体是对创新有着共同激情的人。

然而你不必成为沃霍尔才能创造这种类型的社群。

前文出现过的著名社会学家米哈里·契克森米哈赖继续追踪参与他研究的那些艺术类学生的职业生涯[28]。他一度发现了那些成功学生共有的一种不同寻常的模式,"其中一毕业就取得了成功的年轻艺术家,他们的工作室高挑开敞,当中6名最成功的学生甚至在毕业之前就租用了这样的空间。目前那些不成功的学生没有一个这么做"。

为什么会这样?其中一个原因是高挑开敞的空间便于储存帆布油画,但其另一个作用是,在此艺术家们可以与合作者、缪斯及顾客充分互动。

契克森米哈赖还发现高挑开敞的空间可以作为对艺术世界释放的一种信号，传递的信息是住在此处的艺术家是认真的并且有志于得到公众认可。

实际上，一个成功的高挑开敞空间的最重要功能之一就是聚会场所。契克森米哈赖写道："一个高挑开敞空间是艺术家用来与公众接触的一个非正式场所。如果一个高挑开敞空间没有聚会、没有来访者，并且在艺术圈里也不为人所知，那么它就失去了作为场所的意义。"

虽然我们大多数人都无力建造像沃霍尔工作室那样的宽敞的办公场所，但是租用一个高挑开敞空间成本并不高，借此也可吸引到创意社群的必要成员，比如现代缪斯，甚至还能使艺术家找到创意社群第四位成员：**一位著名的促进者**。

一位著名的促进者

玛丽亚·格佩特-迈耶获得了诺贝尔物理学奖（是继居里夫人之后第二位获得诺贝尔奖的女性），参与了二战期间的曼哈顿工程，并在其职业生涯中发表了大量学术论文[29]。

今天她作为著名学者为世人所知。然而在1931年，26岁的她还是一位不知名的年轻研究员。

她最终是如何获得了最伟大的科学奖项的呢？

研究者哈里特·扎克曼深深为迈耶及其他诺贝尔奖得主的故事所吸引，于是他想知道我们可以从这些获奖者的早期职业生涯中学到些什么，是否有明确的步骤促成后来的成功。

为了回答这一问题，扎克曼采访了几乎每一位健在的美国诺贝尔奖得主，并且写成了一本书《科学精英：美国的诺贝尔奖得主》，这本书成为研究"伟大"的主要文本之一[30]。

扎克曼发现的一件事是，诺奖得主在他们20多岁时的生产率比一般学者高出170%——每一位诺奖得主在其20多岁时平均写了7.9篇论文，而普通科学家同期产量只有2.9篇。对此你也许会想：当然了，我们不就是期望他们更聪明、更勤奋吗？毕竟他们最后都获得了诺贝尔奖啊！然而，当扎克曼采访这些得主时，她发现了一个不同寻常的答案。

1931年，玛丽亚·格佩特－迈耶整个夏天都与著名物理学家马克斯·玻恩一道工作，后者在1954年获得诺贝尔奖。他们二人合作写了一篇论文《晶体的动态晶格理论》。权威研究者经常与年轻科学家一道工作，因此合写一篇论文也不足为奇，但是这个故事有些不同。通常情况下，权威研究者会试图把年轻科学家的名字从最终论文中去掉；而对于年轻科学家来说，这种做法也被认为是正常的"支付学费"。然而大多数未来诺奖得主却告诉哈里特·扎克曼，他们的导师恰恰相反——他们不仅分享荣誉，而且还经常给予年轻学者更多的荣誉。正如扎克曼写道："卓越的大师位高任重，不仅体现在增加年轻同事的文献（赋予他们联合作者身份），而且进一步把年轻同事的名字排在第一位以突出年轻同事对该研究所做的贡献。"在有些情况下，大师甚至把他们自己的名字从文章中去掉，把荣誉完全留给年轻人。

原来，这些未来诺奖得主不仅比其他学者生产率高出两倍，而且他们的导师还乐意分享荣誉。这就产生了所谓的累积优势——早期优势不断增加，随着时间推移会产生很大的不同。当他们进入30多岁时，这些学者就比同时期其他研究者更有名了，也使得其他研究者更难以赶超他们了。

这些未来诺奖得主得到了其他权威人士的助推，权威研究者给了他们权力和基础来构建优势。

在之前几章里我写道，要被认为是"天才"，你首先需要被**认可**。仅仅努力工作是不够的，或者做到技术出众也是不够的，你还需要被社会承认你是可信的。特别是出于这个原因，你创意社群最后一位关键成员必须是一位著名的促进者：一个具有可信度的人，愿意支持你和你的工作。

这种现象远远不止在科学领域。比如，著名促进者还经常见于音乐界。最显著的例子就是著名乐队在巡演时带上一些不怎么出名的演员。2006年，乡村音乐乐队Rascal Flatts就签约了一名叫作泰勒·斯威夫特的青少年来为他们巡演的最后9场演出做开场表演，这样就帮助她迅速积攒了乡村音乐领域的声望[31]。在2015年，泰勒·斯威夫特回报了这一帮助：邀请当时16岁的肖恩·蒙德兹在她的世界巡演上开唱[32]。

找到一位著名的促进者也许听上去很难——为什么会有人愿意把他们的可信度借给你呢，但是研究告诉我们，不仅被指导者从这些关系中受益，而且促进者也能从中受益。

是做局内人更好还是局外人更好

纽约大学的研究者想了解一下构成理想团队的要素——是由技能娴熟、思想新颖的新人来组队好呢，还是由已经有所成就的人来组队更好？后者拥有丰富经验，还可以增加该项目的可信度[33]。

为了得到答案，他们研究了1992—2003年由好莱坞主要电影制片厂出品的2 137部电影[34]。他们关注了每一部电影的7位主要制作成员：制片人、导演、编剧、剪辑师、摄影师、艺术指导、作曲家，最后得到了一份11 974人的名单。接下来，借助一个在线的电影业数据库，他们绘制了这些主要制作成员的职业网络图。

最后，为了判断这些电影会取得怎样的创造性成功，他们记录了每一部电影所获的主要奖项。

研究团队想要发现是选择一名功成名就的人物（一位著名的促进者）好呢，还是选择一位还未大发异彩的成员（需要被别人促进）做搭档好呢？答案：两个都不适合。

研究者得出的结论是，最好的配置是介于二者中间，即在功成名就与不为人知之间。研究者发现，通过接触核心，个人"受益于直接接触社会主流"。与此同时，边缘人身份也使得他们能够不断接触新思想。"保持与边缘地带的联系，他们能接触到新鲜文化,这种源头更可能来自非主流文化,同时又摆脱了常见的社会主流领域带来的从众压力。"

身处于功成名就与边缘地带中间有助于一个人创造出熟悉、可信并且新颖的内容。

如果你已经取得了成功,并且是当权派的一员呢?或者,如果你还是一名处于上升期的新人呢?

纽约大学的研究团队推出了第二个结论:有功成名就者和上升期新人的团队与一个向中间靠拢的人有着同样的优势。这是因为在边缘地带的人们会给予功成名就者新鲜的思想,而功成名就者会提供必要的声望与可信度。如果你已经成功了,这一研究发现就强调了如果你想要最大化你的创造性成功,你就必须把新鲜的思想带入你的团队,你需要那种新颖思想的源头。如果你是一名上升期的新人,那么你就需要一位著名的促进者来帮你获得认可。

找到一位著名促进者的最佳方式是什么呢?

很不幸,这个问题的答案也许你不喜欢。因为在很多情况下,你必须搬迁。如果你想在影视界或者音乐界发展,那你也许就必须搬到洛杉矶;如果你想成为一名现代艺术家,那么你也许要前往纽约。

如果你已经是住在这些城市里的功成名就者,那么不要忘了把你的可信度借给新来者,那么你不仅传播了爱,而且还从对方那里获得了新鲜思想。

创意社群

当我们在一本杂志的封面上瞥见一位著名企业家、演员、音乐家或者诗人时,我们就很容易赞同创造力的孤独天才理论。然而,我所访谈过的高成就获得者中有很多都构建了一个由一群人组成的创意社群,帮助他们在创造之旅中不断前行。

这些创意社群包括 4 种类型的个体。

1. 一位大师级的导师——这样的导师告诉你你所在行业的模式和方法,确保你创造出来的事物的熟悉度恰到好处,同时还通过刻意练习给予你打磨技艺所需的反馈。

2. 一位意见相左的合作者——每个人都有缺点。为了使这些缺点不至于致命,你需要找到一个人或一群人,他们的特点能弥补你的缺点。

3. 一位现代缪斯——你在充满创造力的一生中经常会遇到低潮期。你需要人激励你坚持下去,他们也是你新鲜观点甚至友好竞争的源泉,来推动你创造出你最好的作品。

4. 一位著名的促进者——要想成为一名创造性成功人物,你需要得到别人认可。一位著名的促进者已经取得了可信度并且愿意分享给你。这么做不仅使你受益，而且也使著名的促进者受益，他们可以接触到新鲜思想，这将有助于他们停留在创造力曲线的合适点上。

最好的创新者知道创造性成功不是一场单独的探险活动，并且也知道只有一个关键的合作者是不够的。我们都需要在自己的轨道上有一整个社群来扮演各种各样的角色。

一句重要的补充语

不幸的是，创意社群的重要性也使得女性和少数民族更难以在创造性领域得到承认。在我的研究中，"顶级的"企业家、艺术家、大厨以及其他创造性人才的名单都被男性白人主导。一项由南加州大学安纳伯格传播学院做的研究发现，414部好莱坞主要电影中，85%的导演和71%的剧作家都是男性，87%的导演都是白人。很显然，这有问题。

针对这种不平等的一个回答是一家叫作黑名单的传媒公司，该公司有两项主要服务。

他们从2005年开始每年整理出一份名单，列举电影业最佳未被挑中的剧本。这一名单是在对好莱坞高管人员的调查的基础上整理的。迄今已有300多部在黑名单上的剧本被拍成了故事片，包括《贫民窟的百万富翁》《国王的演讲》《聚焦》，这些电影创造了超过 260 亿美元的票房收入。

此外，黑名单现在还运营一个网站，剧作家可以在线提交他们的电影剧本，这些剧本会由专业评委来评估。当剧作家提交剧本时，他们可以选择补充自己的种族和性别，但网站的专业评委对这两个数据并不知情。黑名单会对比剧作家的种族和性别与他们剧本得到的评价，结果发现种族或性别对剧本本身质量并没有什么显著影响。实际上，女性作家得到的分数还略微高于她们的男性同行。然而，正如我之前提到的，整个电影业是由男性白人主导的。

很显然，某种结构性的东西阻碍了多重声音进入创作领域。我的猜测是这与缺乏创意社群有关。在一个人们寻求像自己一样观看、谈话和思考的世界里，女性和少数民族很难找到足够的人来填充他们自己的创意社群。

然而，希望还是有的。像黑名单这样把觉醒和工具整合起来的举措正在创造进步。该网站的创办者富兰克林·伦纳德说："黑名单试图推进这种变革，一方面通过扩大女性作家和有色作家的通道，另一方面提供致力发掘人才的精英管理体系。"当然，伦纳德补充道，变革还有资本主义的原因，"变革正在发生，主要是人们越来越意识到由女性和有色人群创作的电影一直是好商机"。

当你营建你的创意社群时,要记住,多样化的人群围绕在你的周围,不仅能改进社会,而且能提升你自己的创造力。

　　我已经讨论了创造力故事充斥的迷思、创造力曲线的科学以及掌握创造力曲线的三项法则。为了解释最后一项法则,我要带你去拜访世界上最受喜爱、最美味的食物品牌之一。

第10章 法则四：迭代

我坐在位于美国佛蒙特州伯灵顿市本杰瑞冰激凌公司总部大楼的一间会议室里[1]，跟这里的许多会议室一样，这间名为"恰比哈比"的会议室是根据该公司最著名的冰激凌口味之一命名的。这栋大楼虽然早在1996年就设计好了，但它有一种硅谷初创企业的味道。早在谷歌和Facebook诞生之前，本杰瑞冰激凌公司就创立了一种打破旧习的文化——可以带狗上班（我的访问就几度被狗叫声打断），在主要入口旁边有一部巨大的红色滑梯，员工可以从二楼会议室直接滑到一楼。此外，还有一个巨大的健身房、一间瑜伽室和一个哺乳室。

我来到佛蒙特州就是为了观察本杰瑞冰激凌公司的创造过程。在我家，冰激凌不仅仅是一种甜点：对于我母亲而言，在一天辛苦工作之后，冰激凌就是一种治愈和放松的方式。

我在大楼里四处走动时，注意到每张桌子上都有吃完了的冰激凌盒子。员工们收集他们研发出来的各种口味冰激凌，就像纸盒子奖杯。本杰瑞冰激凌公司已经出品了这么多口味，因此我猜想创造一种新口味会非常高效、直接：一位食物专家想出一种新口味，搅拌各种调和物，品尝之后给出"真棒"或者"很差"的裁定。当然和其他团队协商是不可少的，但是整个过程会简单明了：以一种美味的冰激凌做基础，添加一些小饼干，加入一些焦糖，于是就产生了一种新口味的本杰瑞冰激凌！

然而，我发现生产一种新口味冰激凌在本杰瑞冰激凌公司是一件严肃的事情。我花了一整天时间研究该公司创造理想新口味的4个步骤，然后意识到这一过程不仅适用于生产冰激凌，而且也适用于我所见过的其他类型的创造性活动。

本杰瑞冰激凌公司的第一家商店开办于1978年，是由加油站改造翻新的。杰瑞·格林菲尔德（两位创始人之一，"本杰瑞"中的杰瑞）向我解释了当初创办这家企业完全是出于实际需要："因为本和我想在一起工作，做一件有趣的事，加上我们两个总喜欢吃，而且我们在其他方面的尝试都失败了。"他们花5美元上了一堂远程教育课来学习如何制作冰激凌，然后就决定开店了。

很快他们就在当地大获成功。

今天，由这两位嬉皮士创立的公司以其丰富的冰激凌味道享誉全球，包括香蕉巧克力味（我母亲的最爱）、樱桃味以及钓鱼乐队味。杰瑞最喜欢吃的是现在已经停产的椰子杏仁软糖片，他回忆道："就像一次前往热带海滩的思想和味蕾之旅。"但我想知道的是本杰瑞冰激凌公司如何创造出众多的口味以及是谁想出了这些点子。

每年本杰瑞冰激凌公司都会推出6~12种新口味，这就意味着他们一直处于压力之中，必须创造出位于创造力曲线正确点上的新产品。但是他们在企业内部是如何应对的呢？原来他们设计出了一套可重复的系统来停留在熟悉度与新颖性相融合的甜区。

当我更深入探究时，我接触到了几个也许干着美国最佳工作的人：本杰瑞冰激凌公司的口味大师。

冰激凌之泪

我坐在本杰瑞冰激凌公司总部的口味实验室里，泪流满面。

这些既不是喜悦的眼泪也不是悲伤的眼泪。

口味实验室里坐满了口味大师——这是本杰瑞冰激凌公司对食物科学家与大厨的称谓，他们的工作是创造出新的冰激凌口味。在平时生活中，这些大师都是美食家。有些人曾经是饭店大厨，有些人是化学家，然而他们都有创造口味的巧妙手法。此时，一位口味大师娜塔莉正在用实验室的炉子准备一顿辛辣的午饭，尽管看上去赏心悦目，却辣得我泪流不止。

我边擦眼泪边听该团队告诉我,他们创造新冰激凌口味的过程。我的想象是这个团队白天黑夜地实验和品尝大量冰激凌,期待出现口味与质地的完美组合。尽管的确大量冰激凌在实验室里被吃掉了(包括被我),但创造口味的实际过程实际非常复杂而且高度科学,有大量的利益相关者、大量数据,以及对创造力曲线的巧妙使用。

这一过程如此有条不紊的原因之一就是创造一种新口味要花大量的时间:18~24个月。这意味着口味大师不仅要把握今天消费者的喜好,而且要把握他们两年之后的喜好。

我能识别出他们创造过程的4个不同步骤:概念化、减少、筛选、反馈。这一模式也出现在所有创造性领域。

在第一步的概念化期间,他们的目标是想出尽可能多的潜在口味点子。

汇集这个单子时,他们消耗了大量的资源用于探求食品趋势。

比如,这个团队会开始"趋势之旅",包括到另一个城市去体验当地冰激凌及饮食文化。在旅行期间,一群大师会亲临百货商店来观察人们都买些什么,或者拜访一个又一个酒吧里看看最新的鸡尾酒配方。正如口味大师克里斯解释道:"你早晨起床就开始吃,然后一天都在吃。你一直在吃,你沉浸在食品世界里。"

克里斯给我举了个例子，是他几年前去波特兰的一次经历。品味大师们从酒店走出来后，偶然发现了一个酒吧，那里提供大量的杜松子酒，有一种杜松子酒别具一格——蓝莓薰衣草味，这一口味吸引了大师们。等他们回到佛蒙特州后，决定再现那种口味。克里斯回忆道："我们问供应商能否复制出那些口味概念或者那些口味组合，居然做成了！"不到两年，本杰瑞冰激凌公司就推出了他们著名的蓝莓薰衣草冰激凌作为公司希腊酸奶产品线的一部分。

但是点子和灵感并不只是来自旅行，该团队也利用传统杂志和互联网来发现趋势。口味大师埃里克就常看"品尝表"——一家罗列全美新饭店的菜单的网站。一位入职不久的口味大师莎拉发现 Instagram 很有用，用来掌握风靡社交媒体的趋势，包括有着各种不可思议的配料的大杯奶昔。对于其他大师而言，像《好胃口》或《美食与美酒》这类的杂志都是必读物。

这种借鉴、吸收使得本杰瑞冰激凌公司了解到哪些点子位于创造力曲线早期的上升期内。

大师们也得到公司内部的许多支持，包括内部专门设立的消费者洞察力小组，该小组的任务就是研究最新趋势。洞察力小组与整个公司通过一个昵称为"口味林"的内部 Facebook 小组来分享他们的点子，公司员工们可以在上面发布有趣的食谱、食品概念,以及竞争者在做些什么的洞见。

最后,本杰瑞冰激凌公司还从它的消费者那里获取口味点子。公司有一个团队专门负责接听电话。当消费者通过电话或电邮提供建议时,这些建议都被保存下来并传递给品牌管理团队,该团队每年要处理1万~1.2万个点子。消费者提供的许多点子都实现了。比如,我今天早晨所在的会议室就是以其中一款口味命名的——装满椒盐脆饼干的恰比哈比口味,它的诞生源自一位消费者与其同事开的玩笑——他把加了椒盐脆饼干的本杰瑞冰激凌给了对方,并告诉对方这是最新推出的口味。那位同事不但相信了这个故事,而且发现它非常美味可口。

所有这些消息都使得团队能够在趋势刚冒头的时候就关注到,这一点是非常必要的,因为公司要将近两年的创新周期。毕竟,一旦本杰瑞冰激凌公司想出的新口味达到俗套点时,那么那些口味在被推向市场的时候就已经过时了。

在2016年,公司推出了一种不含牛奶的使用杏仁乳的冰激凌。一位品牌经理告诉我,几年前大师们就观察到了人们对杏仁乳的兴趣日益增长,但直到最近它才从利基健康食品的状态转为主流,伴随着抵制奶制品的史前饮食。埃里克解释道:"我们从一开始就跟踪它们。"

简言之,本杰瑞冰激凌公司的口味大师、品牌经理和市场营销人员都不相信他们的最初直觉。相反，他们承认他们的做法很简单：倾听顾客心声。这是一个富有欺骗性的简单范式，却是极易被自信心不断膨胀的成功人士忽略的。

在搜寻迅速发展的趋势过程中，本杰瑞冰激凌公司团队从大量不同的输入中获益，并且吸收来自不同来源的数据，这是他们借鉴、吸收的方式。

那么，一旦他们吸收了这些趋势，大师们是怎样想出值得尝试的点子呢？下一步就是约束发挥了重要作用。

概念化

冰激凌有化学原理。就像埃里克告诉我的："如果配料不平衡，那你就得不到含奶油的光滑质地。蛋白质太多，吃起来像粉笔；糖固体太多，就冻不硬。"本杰瑞冰激凌公司有一项政策，就是产品必须含有少于250卡路里的热量、不到25克的糖。这些约束为本杰瑞冰激凌的口味设置了一条熟悉度的底线，允许在此基础上创造出适量的新颖性。

此外，由于本杰瑞冰激凌公司还关注社会公义，所以公司的所有原材料都不是转基因作物，还必须有公平交易认证、犹太认证。因此，大师们只能在符合这些要求的配料中做文章，这意味着团队必须一直与供应商保持联系来了解什么原材料是可用的。

本杰瑞冰激凌公司也有生产方面的约束要考虑，无视这些约束会有非常严重的后果。

如果你曾经把巧克力与你看电影时吃的爆米花混在一起，你就知道那种组合味道有多好，本杰瑞冰激凌团队也这么认为。大师们在实验室里创造了这种口味并希望大受欢迎。但是当公司生产出第一批并送到商店里时，客服小组收到了大量投诉：爆米花都湿透了。

当爆米花在几周之内从工厂到冷冻架再到消费者手里，它就吸收了冰激凌内在的水分。实际上，差不多任何与冰激凌组合在一起的东西在送到家庭冰箱里的时候都会变软。

这种变软现象对于爆米花也许是不合适的，但在其他方面却有用。在实验室里，我非常惊讶地发现本杰瑞冰激凌使用的曲奇饼本身都是松脆的，但是当你吃任何一款曲奇饼口味的本杰瑞冰激凌时，你就会发现曲奇饼是软的。那种水分吸收也许会使爆米花口感变差，但对于曲奇饼的口味却有奇效，让它们既耐嚼又好吃。

最后一种约束是货架空间。本杰瑞冰激凌公司对上市的冰激凌口味数量有限制，如果口味过于相似，他们就面临使顾客审美疲劳的风险。就像公司研发经理威迈特告诉我的，"一款咖啡口味的永远不会像焦糖口味的卖得那么好，但是我们能需要多少焦糖口味的呢？"

正是由于这些约束的存在，研究团队才可能在更小的可能性范围内进行头脑风暴。他们透过各种约束的透镜来审视他们的研究，得出了一个有200种口味的单子，像"带有樱桃和软糖片的香草冰激凌"。这就是我称为**概念化**的阶段。其间创造者提出一套可靠的点子，起始数字不一定非得是200，关键在于先想出大量合理的选项，稍后可以进一步改良。

减少

这就让我们来到了下一步：把200种可能性编辑成大约15种值得真正尝试的点子。

一般来说，艺术家都不太愿意让其他人在完成前看到他们的作品。但是伟大的创造者以及伟大的公司都知道唯一能够保证自己持续在创造力曲线的甜区创造的方法，就是经常把他们的初期工作置于观众面前。重要的是在投资于创造之前就这么做，从而把你的选择减少到那些有合理成功概率的。从那儿开始，直觉和判断通常主宰最终选择。

本杰瑞冰激凌公司在这方面是怎么做到呢？

本杰瑞冰激凌公司的电子邮件通信"大块邮件"有着70多万订户，都是公司产品的忠实粉丝。一旦团队整理出那份200种口味的清单，就会对一部分有代表性的订户开展调查，对于每种口味问五点量表中的两个问题：

你有多大可能性购买这种口味的冰激凌？
这种口味有多么独特？

从根本上讲，该团队想知道的是所选择的口味是多么熟悉又新颖。（实际上，该团队是想测量创造力曲线的核心要素。）"你有多大可能性购买这种口味的冰激凌？"让消费者将一种新的可能性与他们已经知道和喜爱的口味加以比较——这也是另一种方式表达熟悉度。"如果你看大多数人想要什么，你会发现是带果仁巧克力的香草冰激凌以及带有曲奇和焦糖的巧克力冰激凌，"威迈特告诉我，"这几个口味总是名列榜首，我们喜欢做带焦糖和果仁巧克力的冰激凌。"但是对于她和其他口味大师的挑战是不断把品牌推向前，"做独特而又有趣的事情，这样人们才会愿意购买"，这就是为什么独特性非常重要。目标不仅是发现消费者声称他们会购买的东西，而且是新颖的、让顾客倾向购买的东西，也就是说，位于创造力曲线的理想位置的东西。

这并不精确，但是数据告诉了团队他们的顾客怎样看待这200种口味。这种检验也很重要，每一位口味大师都这么说。设想一下：如果你整天都只是梦想着、忙碌于并且品尝着新口味的冰激凌，那么你就不能认为自己代表了真正的典型的本杰瑞冰激凌消费者的。为了理解如何最好地向前，口味大师们需要大量的外部输入。问题不仅仅是一种新口味是否品尝起来很好吃，而是销量如何。

通过这种检验方法，团队选定了他们认为兼具熟悉度和新颖性的15种口味。

这就是减少的做法。为了创造出出众的点子，你需要从一张广泛的清单减少到一套由数据驱动的点子，具备强有力的消费者和观众指标。你的目标是持续提升你对于某个点子会落在创造力曲线哪个位置的判断能力。

对于许多创造者而言，这种早期的检验是让人恐慌的，毕竟冒着被批评和被拒绝的风险。

但它也是预测成功的唯一方法。

经过了这种数据驱动的方法，现在到了创造过程的第三阶段：筛选。

筛选

这是吃冰激凌的开始。

在这个时候，口味大师们制作出小批量的15种口味冰激凌。

就像克里斯向我解释的：“起初，它更像是一种烹饪过程。有时需要我们到当地的百货商店，购买农产品，制作我们自己的填料——不管是果酱还是薄荷果仁巧克力——总之让我们的创造力流动起来。”

这个方面很重要，因为人的因素很重要。一位品牌经理说道：“目前这些口味在理论上都很好，但是我们要确保它们实际品尝起来也很美味。”在手工做完了 15 种冰激凌之后，大师们逐一品尝，并且从其他团队和利益相关者那里寻找外界反馈。在克里斯看来，"我们有一间切割室，我们都到那里品尝 15 种冰激凌，我们进行评价、调整。如果我们认为'这太难吃了'，我们就把它扔到一旁或者从那一点开始改进"。

很快口味大师们就会选出所有他们喜欢的口味。如果他们一时无法决定哪种口味最好，他们就会把样品送给长期消费者或者在零售店少量发售，来看看粉丝们感觉怎么样。

这是筛选的过程，指的是你依赖内外部人士给你提供一些定性的判断标准。尽管在筛选阶段做的调查是有用的，但是你还需要营造更深入的情境来验证数据和直觉。

一旦筛选出最终口味，他们就开始大批量生产了。6 品脱（约 3 升）变成了 6 加仑（约 23 升），然后又变成了几万加仑。但是本杰瑞冰激凌公司怎么知道他们做的对不对呢？

反馈

你有没有尝过莳萝泡菜口味的冰激凌？

当我跟口味大师们交流时，他们告诉我最近的一次实验情况，在实验中他们用莳萝泡菜汁制作了雪葩。"味道好极了！"他们其中的埃里克大叫道。我也为之惊艳了，但是在我开口说话或抗议前，埃里克转向了他的一位同事，说道："赶紧把它抽出来。它很快就会融化的！"

这就是为什么我才吃到了几匙莳萝泡菜口味雪葩。

然而，真正让人惊奇的是它的味道。

莳萝泡菜雪葩味道很好。我并不是说它差强人意或者还行或者"有趣的"，我认为它是那种吃了还想再吃的美味。

那么，我们什么时候可以看到莳萝泡菜口味雪葩出现在冷冻柜里呢？

你可能猜着了，答案是也许永远不会。正如团队已经了解的，即使是非凡的点子也需要有一定熟悉度才能吸引更大规模的顾客。康普茶和包括莳萝泡菜在内的发酵食品也许是一种新的食品趋势，但是尚未明确这种趋势是否普及，也就不足以说服口味大师们了。克里斯解释道："这有点儿难，因为我们的开发周期如此漫长，所以这些短暂闪现的趋势很难被我们捕捉到，除非我们能预判它们的到来，这本身就是个挑战。我们努力捉住趋势，就在它们开始显现之前。"

由于这个团队专注于预测消费者在两年之后会需要什么，因此新品种推出之后的反馈对于他们显然至关重要。尽管有连续数月的规划、测验和决策，他们的判断仍可能出错，他们的执行仍可能搞砸。这是反馈的阶段，在此阶段创造者可以判断他们是否处于创造力曲线的甜区。

为了做到这一点，他们需要更多的数据。

最早的数据是通过电话、电邮和社交媒体搜集的。本杰瑞冰激凌公司最终会收到销售数据，但是在早期阶段，粉丝们的积极和消极的反应最为重要。如果本杰瑞冰激凌公司的新口味没有一种流行起来，那么他们就需要搞清楚原因：什么错误的假定造成了这种失败？当你想一想，任何创造过程的目标都不仅仅是创造好的结果，也包括改进创造过程。这些过程自身也是可以被调整和提升的"产品"。通过改进这些工作流程，创造性人才不仅能更快地想出新点子，而且也更有可能重复他们的成功。

而且，正如创造力曲线所展现的，由于消费者会改变偏好，所以曾经有用的点子可能会失去特殊性。创造者需要不断地测量和评估。克里斯告诉我："我们在正确的时机抓住了希腊酸奶趋势，那对于我们来说是个巨大创新，而现在我们开始慢慢放弃它。"本杰瑞冰激凌公司的粉丝喜好现在转移到了其他事物上。

口味的生命周期是创造过程的必不可少的一个部分。这就是为什么在参观即将结束时，我去参观了一下工厂后面小山上的口味墓地。在那里，看上去相当严肃的墓碑标志着这些年来曾经存在和逝去的所有口味。

创造力曲线的起起伏伏使多少点子从微不足道到声名显赫，再回归微不足道。

创造性迭代对于创造所有类型的伟大产品都是至关重要的。那就是为什么甚至在开始之前，创造性人才就需要了解他们的点子会处于流行钟形曲线的什么位置。在我研究的各种领域，创造性人才都有自己的方法来改善点子，以便最终得到一份成功概率最高的短名单。尽管对这一过程我没有一个矫揉造作的缩略语，但是在每一个领域，创造者都使用了我在本杰瑞冰激凌公司罗列出来的4个步骤：

概念化、减少、筛选、反馈。

这一迭代过程使得任何人都可以完善他们的工作，从而发现在创造力曲线上的理想点。

这一点在其他领域看上去如何呢？比如，制作冰激凌真的就像制作电影一样吗？

概念化

减少

筛选

反馈

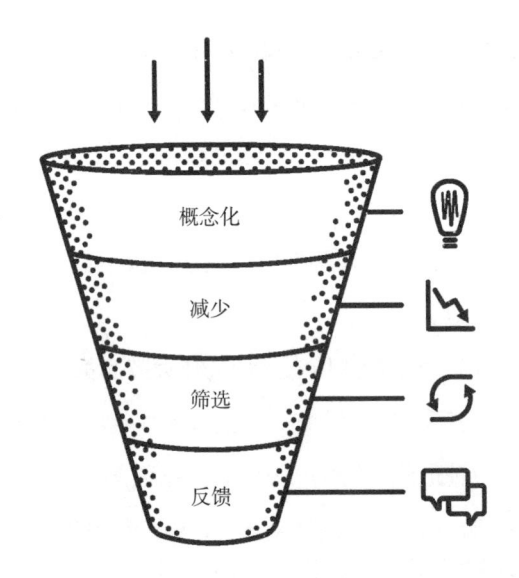

电影数据

在我研究创造性成功的过程中,我发现的最令人奇怪的事情之一就是不同领域的创造过程是多么相似。作家们有着类似企业家的行事方法,大厨们像词曲作家一样规划事情,电影制片人制作流行电影就像本杰瑞冰激凌公司推出新口味。

所有商业性创造力最终都是关于同样的事情:在特定时间点上创造出能够与客户口味匹配的产品。

制作一部电影的创造力过程,包括打磨最终电影所需的数据,就是倾听观众想要什么的好例子。

妮娜·杰克森是好莱坞最有影响力的人物之一[2]。她曾任迪斯尼电影公司的总裁,其间她负责把大量流行电影引入了电影院,包括《加勒比海盗》和《第六感》。今天,她是色彩力量公司的创始人兼CEO,该公司制作了全球赢利30亿美元的电影《饥饿游戏》[3]。杰克森和她的色彩力量公司也制作了获奖电视剧《人民起诉O. J. 辛普森》。当我与杰克森交流时,她正在马来西亚拍摄新电影《摘金情缘》,电影改编自同名畅销书,现在已经卖了100多万册。

通过手机视频,我们开始谈论她是如何最终在好莱坞站稳脚跟的。杰克森在美国布朗大学读的专业是符号学,她描述这个专业是"一点马克思主义理论、一点女权主义理论、一点心理分析理论,非常具有布朗大学的特色",她笑着补充道。

在大学期间,杰克森深深为电影理论课所吸引。这个专业就像符号学一样,有着无限层次的复杂性,杰克森非常喜爱这一点。"知识是一个无止境的螺旋,你可以越来越深入地探求却总到不了尽头,你也从不会感到你掌握了它。"

大学毕业之后,她一路向西到了好莱坞,找到了一份剧本读者的工作:每天读两部剧本,然后给电影公司的高管写总结,解释某部剧本是否值得进一步挖掘。她没有意识到这实际是集中借鉴、吸收的阶段。"你读得越多,你就越能掌握准确表达情感的语言。"简言之,杰克森充分吸收流行品味,就像我们之前提到的由录像带商店职员变成网飞主管的亚利桑那州的泰德对电影的了解。

由于她工作勤奋,并且有敏锐的洞察力,杰克森的职业开始起飞,到她36岁的时候,她已经执掌迪斯尼电影公司。2007年,她成立了色彩力量公司。

由于对电影及电影业如何使用迭代过程和数据感兴趣,我问杰克森,电影制片厂是如何精细制作一部完美大片的。

电影剧本创作是第一位的。杰克森解释道,电影剧本创作过程远不是一个编剧把自己关在一个林间小屋,直到写完"剧终"这两个字才走出小屋。相反,今天的编剧要和制片人、导演,有时甚至是演员一道工作。"在创作剧本的早期,你也许可以做出一些主要改动,"杰克森说道,"如果我们彻底去掉这个人物呢?如果我们尝试这种结构方式呢?"于是随着大框架变得清晰,你要开始完善细节:单独的场景都有作用吗?某一个具体人物需要更多的台词吗?

对于杰克森而言,倾听观众心声在整个电影制作过程中必不可少。即便在电影剪辑完成之后,试映仍能评价观众将如何反应。杰克森说:"如果你想让人们感觉到你希望他们感觉到的,那么你就需要有机会来发现他们是否感受到了。"

理解观众，即便像妮娜·杰克森这样富有经验的电影界元老都明白这一点的重要性。我决定深入探究好莱坞背后的数据，这样能很好地了解创造者如何将他们工作中的数据运用到极致。比如，试映怎样才能有效？在其他什么方面数据成了电影过程的一部分？

把你放到盒子里

传统上，电影市场营销者把电影观众划分为4个象限：男性、女性、25岁以上的、25岁以下的。

```
                 25 岁以下的
                     |
       25 岁以下的   |   25 岁以下的
           男性      |       女性
                     |
  男性 ———————————————+——————————————— 女性
                     |
       25 岁以上的   |   25 岁以上的
           男性      |       女性
                     |
                 25 岁以上的
```

此处最重要的理念就是电影和电影营销理想上是针对这4种人群中的一种或几种。比如，一部浪漫喜剧可能瞄准的是25岁以上和25岁以下的女性观众群体，而一部像《阿凡达》这样的主力大片可能针对的是4个象限的所有群体。

好莱坞的四分法是由国家研究小组推广开来的[4]，这是一家创立于1978年的电影研究公司，创始人是两位前政治民意调查者，他们决定把选举获胜的技巧应用于电影票房。两位联合创始人在2000年年初离职了，但是其现任CEO乔恩·佩恩[5]向我解释了这种政治类比："我认为政治就是关于发现你的基础选民并识别出谁是你的摇摆选民，我们把同一种框架带入电影调查和研究，变成了'谁是你的基础观众、谁是你的增量摆幅，以及与这两点都有关的信息是什么？'"

很长时间以来，四分法在识别这些群体时起到了基础作用。佩恩解释道："4个象限就有点像在复制政治中的民主党党员、共和党党员以及无党派人士。它所创造的框架可以作为一面透镜，从而理解不同的统计人口群体。"今天，这个四分法已经经历了一些调整，并且被一些具有更细微差别的心理统计群体（环保主义者妈妈、关注个人形象的男性青少年等）所取代，但是总体上，测试的重要性仍然是电影业的一个重要部分。

好莱坞高级管理者以三种主要方式利用数据。第一，目标群体真的会享受这部电影吗？第二，预告片和广告片吸引了目标群体吗？第三，大众在电影公映之前的几周里是如何知道这部电影的？通过这种方式，他们可以在需要的时候修改他们的推广策略。

一项致命的测验

珍妮特走出电影院,看上去又累又倦,事实也是如此(漫长的一周啊)。她刚刚参加电影《致命诱惑》的预演,跟大多数观众一样,她不喜欢这部电影。

原因何在?电影结尾令人不满意。电影讲的是一位情妇痴迷于她的情人,在最初版本中,情妇自杀了并设计让人以为是她的情人杀死了她。然而,这使得观众觉得情妇没有得到应有的惩罚。

电影公司高管知道出了问题,但是如何解决这个问题呢?

《致命诱惑》后来被提名6项奥斯卡大奖,并且获得了3.2亿美元的票房收入(相当于今天的6.88亿美元)[6]。取得如此成就的《致命诱惑》电影版本已经不是早期观众所看的试映会版本。

为此,电影公司不得不重新拍摄了整个电影结尾。

在新的结尾中,在一个扣人心弦的浴室场景中,妻子开枪打死了情妇,这一惊悚结尾最终奠定了该电影的基调。

试映会已成为检测新发行电影的一种重要方式。杰克森解释道:"一般很容易认为'观众是怎么想的对于创造过程是无关紧要的',但我们是在为观众创作电影,因此知道他们的想法实际上是非常有帮助的。"

从早期的国家研究小组到现在，电影研究行业已经进化很多。凯文·哥兹[7]是好莱坞一家领先的研究公司屏幕引擎的创始人兼CEO，他擅长招聘观众来观看预演，在过去几年间组织了"远远超过一万次"预演。我向他请教了这些预演是如何起作用的，以及这些实践是否可以被应用到电影领域之外。

一旦一部电影经过粗略剪辑之后，电影公司就通常举办预演。也许还缺少电影配乐或者几个特效，但是故事的主体和电影的节奏都有了。观影人群中的男人和女人都来自目标观众群体，起码是来自基于初步的市场营销策略划分的群体。

担心人们会对预演片进行录音或剧透，于是安全措施很严厉：观众必须签署一份保密协议，把手机留在剧院外面，人还必须经过金属检测器检测。

当预演片结束时，观众要填写调查卡，问题涉及的话题从他们最喜爱的人物和场景到电影是否进行得太慢或太快。最重要的两个问题是：

你在多大程度上"一定"会推荐这部电影？
你对这部电影的整体评价如何？

这种调查的结果，也就是研究的定量部分，经常会决定电影的命运。电影的某些部分需要被重拍吗？宝贵的市场营销费用花得是否值得？

电影制片人和电影公司高管想从调查结果中找到得分显著高于平均分的电影。但这还并没有结束。接下来，一小部分观众被挑选出来留下参与讨论，以便电影公司更好地了解数据背后的根源。如果你不太可能推荐这部电影，为什么？是因为你痛恨主演吗？你觉得剧情太拖沓吗？"在观看预演过程中，焦点通常在于艺术与科学的交集，"哥兹说道，"一个富有创意的主持人能调动出观众在填写问卷时未能写出来的内心感受。"这种定量和定性的数据组合给了电影制片人和电影公司高管宝贵的洞见，让他们看到电影的哪部分有效、哪部分无效，以及改进的最佳方法。

根据哥兹的经验，大多数电影制片人和电影公司高管都了解预演的力量和价值。哥兹认为数据是帮助修订观众反应的一种工具，而不是惩罚制片人的工具，"我倾向于以一种健康的方式对待它，我没有把它看成一张用来打击人的成绩报告单。但是在制作一部电影时，你是在为庞大的观众群体制作这部电影，尤其是当你效力于电影公司的时候，风险极其高，并且经济压力是不可忽视的"。

从本质上说，电影是编剧、导演和制片人之间的创造性努力。但是像任何其他创造性项目一样，这个行业也依赖于迭代和数据对产品进行修订，从而满足观众的需求，与此同时提供足够的新颖性来激起观众的好奇心。

一旦电影被剪辑好，也不会停止探寻这类数据。

电影市场营销者继续大量依赖数据来最优化宣传活动，以吸引更多的人观影。他们所使用的技巧也有一个独特的来源：美国白宫。

总统数据

1996年，比尔·克林顿总统站在民主党全美代表大会的演讲台上[8]。

"今晚，让我们决心建设那座通往21世纪的桥梁，来面对我们的挑战并保护我们的价值观。"

克林顿演讲的主题很清楚。总统和他的团队决定要关注克林顿与每个美国选民共享的价值观。

在整个演讲中，"价值观"一词不断被提及。"如果我们想建设那座通向21世纪的大桥，"克林顿大声说，"那么我们必须愿意大声说：如果你相信《美国宪法》、《权利法案》以及《独立宣言》的价值观，如果你愿意辛勤工作、遵纪守法，那么你就是我们大家庭的一部分。我们很自豪和你在一起。"

那天晚上，总统的表现是根据数据分析而做出的，这些数据是由一位民意调查者通过全国范围的电话和大厅采访收集的。1994年民主党在众议院的中期选举失利之后,紧张不安的总统团队开始彻底检验他们的信息,根据选民在小型测验室里的最佳回答选择广告创意甚至竞选主题。

克林顿的民意调查、测验得到的信息奏效了。当美国人在1996年投票时,克林顿得了379张选票,而鲍勃·多尔只得了159张选票。自那以后,两党的总统和政客们都使用民意调查和测验来打磨呈献给选民的信息,从而赢得选举、获得选民的支持,以及使提案获得通过。

类似的研究也帮助指导电影获得票房成功。在一部电影公映的前几周时间里,研究者用预告片和电视广告探测观众对正片的评价。

国家研究小组的乔恩·佩恩解释了相关原理:"我们抽取整部电影的核心精华,然后鉴别出能真正使电影引人入胜和与众不同的10~12个不同的大主题。这些是创造性市场营销活动的构成内容。"目标是什么?就是发现"你的资产、你的问题所在、你的关键人物、你的宣传词,这样就可以在检验你的成品之前想出相应的战略蓝图。"

一旦预告片剪辑好了之后,检验就结束了吗?几乎不会。过去,电影公司会把预告片放给挑选好的观众看,来判断他们的反馈。他们采用拨号测验收集反馈：观众会根据对预告片某些片段的喜恶把一个拨号盘向左或向右拨动。现在常用的已不是拨号测验而是在线评估，这样可以接触更多、更具代表性的观众。

电影制片人和电影公司等利益相关者真正追求的是最大化观影人数，推动那些犹豫不定的观众——相当于选举中的摇摆选民——会买票去看电影。佩恩解释道："预告片测验是一种迭代过程。相关实验室与消费者当面或在线交流，你则针对电影的各类卖点，尝试各种不同的创造性探索。"测验将逐步揭示了会触动观众的关键点。"你也许会重新剪辑预告片，你也许改动片头，你也许会重拍结局，你也许会调整全片基调，你也许会重新配乐。如果是一部喜剧片，确保在预告片中至少有四五个关键的搞笑时刻，在电视宣传片中有两三个搞笑时刻。"

对于数据的使用不止于此。

在选举日之前的 24 小时，政客们仍然在展开民意调查，据此分析最终投票结果。如果预测情势不对，他们就根据数据来调整策略。

电影制片公司也是这么干的。

这被称作"追踪"。

如果你觉得政客们为压力所迫，那么对电影公司而言，每一个周末实际上都是选举日。哪一部电影会大卖？为了获得竞争优势,电影调研员在全国范围内调查观众对哪部电影感兴趣。妮娜·杰克森是这么解释这一过程的:"追踪是指市场研究公司随机调查,问'这个周末会上映哪些电影?'"简言之,人们知道你的电影会上映吗?这就是所谓的未提示知名度,它代表着市场营销对文化的渗透之深。

这些调查还有两个额外的关键问题。杰克森解释道:"你会进一步问,'嘿,你听说过《饥饿游戏》吗?''哦,是的,我听说过。'那是提示知名度。"最后,调查者问被调查者是否计划周末去看提到的那部电影,这就使得电影公司高管们能够评估他们的广告是否奏效。

杰克森说:"有时候它是个非常好的指标,你能推测出电影的上座形势。"数据也许不能准确判定,但是它能警告电影制片人一些潜在的问题,便于他们修订或调整战略。如果一部电影在关键的目标群体那表现不好,那么电影公司可以加大资金投入以解决问题。

政客们在一场选举中要么胜利要么失败,电影也有着一种类似的结果:票房收入——这也许是终极反馈,验证并核实了电影制片人迭代使用的假设和体系是否可行。

纵观创造性领域,数据驱动的迭代对于改善创造力曲线的产品和信息是至关重要的。在许多行业,需要使用数据来检验观众反应和判断你的努力是否奏效。只有切中要害,许多创意人才才能从他们的创造过程中获得信心。一旦错失良机,他们就知道他们在某方面做出了错误假设。

如果你是一名独立创造者,这听上去会让人无所适从。如果你负担不起昂贵的工具或技术,你哪来数据可用呢?

为了求证这一点,我与处于创造性职业生涯早期的某位人士交流。

在之前的章节里,我们谈论了几位顶尖的浪漫小说作家。这一次,我跟一位崭露头角的作家交流,她在没有主流出版商的支持下取得了一定成绩。

她某种程度上是通过使用**免费数据**做到这一点的。

海蒂的另一面

在白天,海蒂·乔伊·特里威任职某公司市场营销人员,负责技术型公司的内容营销,帮助改善内容来驱动新的商业机遇[9]。

在晚上,她写她所谓的"有趣的书籍"。

在俄勒冈州波特兰的家里,她每晚等孩子们入睡后就坐在电脑前开始打字。

特里威是一种文化运动的一部分,这种文化运动见证了像克里斯汀·阿什礼这样自出版的浪漫小说作家如何通过非传统的背后渠道获得了成功。

特里威对于她所做的并不感到为难。"我感觉好极了。"

特里威是我此前的顾客,当我们坐下来准备讨论数字营销时,她提到了她正在写一本书。于是我像开连珠炮般问了很多问题,得知她的夜晚写作爱好为她构建了日益增长的粉丝圈。

原来,特里威是一位流行电子书作者。她最流行的系列《文身窃贼》在亚马逊上已经被下载了10.2万次。

她的写作生涯开始得并不顺当。她的第一本小说《不会持续很久》只被下载了125次。

尽管她的销量没有超过像克里斯汀·阿什礼那样的作家,但特里威已经取得了足以让任何兼职作家都羡慕的成就。她是如何从125次下载量上升到10.2万次的呢?

当她的第一本书惨败时,特里威心情特别低落。那本书花了她10年才写完。

当她写第二本书时,她打定主意采取不同的方式。

没有等一个好的点子从天而降,特里威开始构建一个作家社群并且研究故事结构。一天,她想到了用一个看房人做小说主角,这个人是一个偷窥狂。但是在开始动笔写之前,她先坐下来听听她的作家社群怎么说。

她很快收集到了两条信息。第一条是新的关注18~30岁人物的成人小说开始表现得非常好，第二条是摇滚歌星最近成为畅销书主角。

这就是为什么她决定她的新小说是关于一位年轻的摇滚歌星和他的偷窥狂看房人。"我把我最初的想法放入一个我知道销量会好的框架里。结果那使得它极为畅销，因为它恰好正中要害。"

下载量超过了10万次之后，特里威现在确信这种分析对于图书畅销是至关重要的。今天，她不仅与其他作家交流，而且研究亚马逊电子书的销售排行榜，这让她深刻感受到当下潮流。

多亏了她的创意社群和免费的亚马逊数据，特里威能够更好地理解她的读者群关心什么。此外，她还利用相关数据来选择她的类型和挑选她的角色。

浪漫小说经常成系列推出。人们读了第一本书，上了瘾之后就继续读该系列中的其他书。这是浪漫小说商业模式的一个关键点，许多浪漫小说作家在线上免费提供他们的第一本小说，希望读者对这本书爱不释手，然后就会花钱购买该系列中的所有其他书。

对于特里威而言，续集代表着机遇。

"每个人都会告诉你不要读关于你的书的评论"，但是她决定读一读。"我发现人们不喜欢我的主要人物出场太晚。"她还发现读者不喜欢配角过于突出。

掌握了这些实用的反馈，特里威就能够更好地服务读者。在小说续集中，她改进了人物的受欢迎程度，男主角在一开始就登场。然后，为了确保读者追随续集，她还把第二本书的前几章作为奖励部分添加在第一本书的结尾。

结果呢？

第二本书获得了比第一本书明显更好的评论。

特里威也许并不知道什么是大数据，但是她还是能够使用可利用的公共数据来帮助她完善一个市场机遇，同时也改进了她作品的质量。

我想说的是，数据不一定是代价不菲的或者是某种精致体系的一部分才有用。简单数据可以被用于任何创造性领域来帮助某人改进表现。

画家从网上得到反馈。

大厨读 Yelp 上的评论。

作家可以在社交媒体上看哪些话题流行。

当然，如果你在一家大公司工作，你通常有花钱买来的数据资源，以及相应分析技术。但是即便在大公司，许多数据技巧还是低技术含量的。比如，本杰瑞冰激凌公司给顾客发送电子邮件调查表，这是任何人都可以使用免费的网上工具做到的。此外，历史上被许多大公司使用的技巧现在也可以为小公司和个人所用了。比如，谷歌调查向全体用户开放，可以接触任意目标用户群，费用只需要 15 美分。花 30 美元，你就组成一个 260 人的小型在线焦点小组。还有一个调查服务网站——PickFu，只需要花 20 美元，就可以很容易地运用基础的分割测试问题开展调查，并在几个小时内拿到分析结果。

任何富有创意的人都能从更好地理解他们的目标顾客中受益。创造力并不是一系列顿悟时刻，那些使用数据驱动迭代的成功创造者更有可能掌握创造力曲线。无论你是一位作家、一个电影制片人，或者一位冰激凌口味大师，遵循数据驱动的步骤以及真正倾听你的观众，终究是值得的。

当我为了写此书而访谈各式各样的创造性人才时，我惊讶于他们的故事是多么相像。创造性成功的确有一种模式。创造出受欢迎事物的秘诀是什么呢？倾听。

使用数据驱动过程来改善想法是第四条也是最后一条创造力法则。

到目前为止，你知道了创造力历史、趋势背后的驱动力量、用来最大化你的创造力的 4 个步骤。

到此我要离开你了——我希望受到激发和鼓励的你能够取得艺术或创业成就。但是当我写这本书时，有一件事始终让我担心。我想坦承这种担心，赶在你开始下一次创造性冒险之前。

后　记

时间是 1990 年。

J. K. 罗琳坐在从曼彻斯特到伦敦的火车上[1]。火车晚点了，看上去她不可能准时到达伦敦了。她开始走神。

然后，就像她后来告诉《纽约时报》的，"那是一种最不可思议的感觉……突然冒出来的，简直从天而降"[2]。

突然间，居住在神奇世界的人物的想法开始填满她的大脑，先出现的是哈利·波特。"我能够非常清楚地看见哈利这个瘦瘦的小男孩，顿时心潮澎湃。我从未对写作感到那么激动，我也从未有过能给我这种强烈反应的想法。"

关于创造哈利·波特的神话会使我们认为罗琳之后是在餐巾上潦草写下她的想法。实际上，她当时没带纸。"我在手提包里乱翻，想找支钢笔、铅笔或任何东西。我甚至连一支眼线笔都没带。于是我只好坐在那里想。由于火车晚点了，所以在接下来的 4 个小时里，我的脑海里翻腾着所有这些想法。"

罗琳继续说道:"等火车快到站的时候,我知道它将是一套七本书的规模。我知道这对于一个从未出版过书的人来说太过于自负了,但那就是当时我的想法。"

当天晚上,在她位于伦敦克拉珀姆交汇站街区的公寓里,罗琳开始在笔记本上写作。

她永远不会想到,截至2016年,哈利·波特会为她带来约77亿美元的收入,来自图书、电影、主题公园、展览、2016年在伦敦上演的一部新剧,以及周边产品[3]。

就像麦卡特尼的歌曲《昨天》,哈利·波特的诞生对于罗琳的粉丝和文学界来说已经成为一种传奇。

罗琳强化了天赐灵感的观念。但在被要求解释她的想法从哪儿来时,她拒绝了[4]。"我不知道这些想法从哪儿来的,我希望我永远发现不了。如果发现大脑表层什么回路使我想出了看不见的火车站台的话,那将破坏我的心绪。"[5]

虽然罗琳塑造的自我形象使她成为创造力灵感理论的典型,但实际上罗琳是接近完美地遵循了创造力曲线4条法则的例子。

借鉴与约束

还是一个孩子时,罗琳就是一名狂热的阅读者,一本接一本地读小说。像许多我介绍过的创造性艺术家一样,她是在一个不愉快的家庭环境里成长起来的。她母亲的多发性硬化症压榨了家里的情感和经济资源[6]，并且她与她父亲的关系经常非常紧张。为了逃避，她退居到卧室里与书为伍。阅读把她带到了她所生活的英国南部小村庄之外的广阔世界。当被问及对有抱负的作家的建议时，罗琳告诉一位采访者："最重要的是尽可能地多阅读，就像我一样。阅读会让你理解怎么才能写得好，并且会扩大你的词汇量。"

罗琳一直贪婪阅读到成年时期。在埃克塞特大学期间，她曾付过50英镑的图书馆罚金，因为她借阅的很多书都超期了。（她的官方传记赞许她大学期间读了拉丁文经典著作，帮助她创作了《哈利·波特》里面的咒语。）

像所有创造性天才一样，罗琳也进行了高强度的借鉴、吸收，这为她自己后来的创造力提供了原始素材。

这些素材都体现在哈利·波特系列里。虽然每一部书都有它自己的情节结构，但整个系列遵循了传统的白手起家的脉络。哈利·波特这位小孤儿甚至连自己睡觉的床都没有。但是到了故事最后，他不但复仇了，而且恋爱了，还从此过上了幸福的生活。罗琳采用的是一种传统的和熟悉的故事结构——从孤儿到伟大，并且加入了她自己的转折：年轻的男巫们努力应付成长的复杂情况。

迭代：创造一个世界

当火车到达伦敦时，J. K. 罗琳走下了火车，感觉深受鼓舞。

要是她相信创造灵感理论的话，她也许就会回到家里坐在桌前，等待更多的启示。

相反，受到她脑子里已经铺展开来的场景的鼓舞，她开始系统地规划她的书。在接下来的 5 年时间里，她忙于创造性迭代，发展出所有 7 部书的情节，并写出了第一部书。

她的故事不是突发灵感而一举成名。实际上，罗琳是我在研究过程中发现的最有组织性和驱动力的小说作家之一。在一次电视采访中，她向一位记者展示了她的创作笔记，仅仅第一部书的第一章就有 15 种不同的变化，还有一张图罗列了哈利·波特在霍格沃茨魔法学校班级里的每一个人物[7]。

不仅如此，罗琳还在她的网站上公布了她为第五部书创作的情节表[8]。在表的左侧，她罗列了每一章大纲，还有一张地图帮助她组织各种情节主线如何在全书展开。

她的最初代理人克里斯多夫·里特向我描述了他俩第一次见面时她的规划是多么清晰。"特别不寻常的是在她头脑中对于 7 部书已经有一个非常清楚的景象，"他说，"如果你问一个关于某个特别场景的问题，当你沿着走廊走，拐进了左侧的第三个门，她就知道左侧第一个门和第二个门里面有什么。"

罗琳不仅仅是一个有远见卓识的人，还是一个求知欲很强的规划者。

社群

如我之前写到的，创意社群对于引导创造者沿着崎岖不平的道路走向辉煌终点是至关重要的。罗琳也不例外。

曾经有一度，身为单亲妈妈的罗琳决定搬到爱丁堡，与她姐姐戴安娜住得更近[9]。罗琳的姐夫刚刚开了一间名叫尼克尔森的咖啡馆。于是罗琳就坐在咖啡馆的一个角落里，写关于女巫和男巫的书，她的女儿杰西卡刚刚在婴儿车里睡着，这就给了罗琳她所需要的安静和集中的时间来写作。

尽管如此，对于罗琳来说，事情进展并不顺利。她没有钱，被迫去领每周68英镑的公共救济[10]。不久之后，她就陷入了临床抑郁症，并开始接受治疗师的诊治[11]。

倘若没有家人的支持和治疗师的帮助，《哈利·波特》能否最终完成呢？

此外，罗琳还依赖合作者及促进者把她的处女作小说变成了后来的哈利·波特现象。在写完了《哈利·波特与魔法石》之后，罗琳知道她需要一位作家代理人，于是去爱丁堡中心图书馆查询。当她翻看一本代理人名录时，一个名字吸引了她的注意力：

克里斯多夫·里特[12]。

罗琳一直喜欢民俗及儿童故事,里特的名字听上去像儿童书里的一个人物。那天下午,她通过英国皇家邮政寄出了宝贵的前三章。

对克里斯多夫·里特而言,他不大乐意代理儿童书籍作者,但是他立刻被罗琳创造的世界吸引了。他很快给她回信,要求读其余部分的手稿。读完之后,里特主动提出要代理罗琳,罗琳同意了,于是里特就开始联系出版社。

不久之后,陆续收到了多家出版社的回复:

> 目标读者群体太小……
> 关于孤儿的故事不会有销路……
> 对于儿童书来说太吓人了……
> 最多不超过三万字……

最后,12家英国出版社拒绝了《哈利·波特与魔法石》[13]。

就在那时,布鲁姆斯伯里出版公司儿童图书部的编辑巴里·康宁翰读到了手稿,立刻喜欢上了它,打电话给里特,他想签下此书[14]。

但是里特有他自己的计划。正如他所说,"我与他们的出版合约限定在较小的发行范围，也限定于第一本书而非全系列。"他的直觉告诉他，《哈利·波特》很有潜力，因此他不想为了一小笔钱一下子给出太多。

一个星期五的下午，里特打电话给罗琳告诉了她这个消息。

罗琳听到自己的处女作即将出版了，惊喜得一时无语。

被她的沉默吓着了，里特在电话里问她："你没事吧？你还在听电话吗？"

"哦，我的人生梦想终于实现了。"

正如里特记得的，"她简直乐翻了天"！

布鲁姆斯伯里出版公司只付了 2 500 英镑的预付款，这后来给了该出版社文学图书方面最大的一笔回报。

罗琳实现了她的梦想。她卖出了她的第一本小说，但是做到这一点，她需要一位促进者，这位促进者帮助她与一家信誉好的出版社签订了合同。

康宁翰是从市场营销助理开始他的出版职业的，他当时在企鹅出版集团旗下的海鹦图书工作。他认为该工作需要组织文学活动，于是他经常身穿出版社那可爱的企鹅吉祥物的巨大服饰。

身穿企鹅服，康宁翰与像罗尔德·达尔那样的作家一起参观课堂。与孩子们在一起的时光帮助他意识到孩子们喜欢读什么："孩子们喜欢读的是一种熟悉与冒险的组合。不熟悉的和令人安慰的总是在同一时间出现。"康宁翰的市场营销经验使得他与其他出版者区别开来，后者把一生都花在了编辑文字方面。当他第一次读到《哈利·波特》手稿时，他就认定熟悉和新颖的组合会使这本书成为一本完美的儿童书。

罗琳的成功也许看上去是运气或偶然，但实际上是深思熟虑过程的结果。克里斯多夫·里特计划等到书在英国出版之后再把它卖给一家美国出版社，因为他期待着先在英国市场取得一定成绩。

他远远没有预计到实际情况。随着《哈利·波特》在英国出版，该书迅速获得了大量粉丝。远在5 000多千米之外的美国出版商们也听到关于这本书的好消息。

结果就是6家出版社参与竞拍，结果最终美国Scholastic出版社以10.5万美元的预付金价格拍下[15]。

这一竞拍结果引起了媒体的关注。一位单身妈妈和兼职教师做到了不可能的事情！《先驱报》的标题是："在爱丁堡咖啡馆写的书卖了10万美元"[16]。一夜之间罗琳成就了她自己白手起家的故事。随之而来的关注让主流媒体也开始报道这本书，这是大多数作家梦寐以求却很少得到的。不久之后，《哈利·波特》就变成了一个帝国。

罗琳没有坐等想法降临，而是辛苦耕耘数年以创造某种了不起的东西。她规划、概述和开发参考资料，经历了不计其数的迭代和草稿来使得她的故事和人物恰到好处。在这一过程中，她面临了个人和经济挑战，但是她得到了一个创意社群的帮助，包括她的代理人和布鲁姆斯伯里出版公司的团队，从而得以继续写作。

换言之，罗琳遵循了创造力法则。

关于罗琳的故事，我最喜爱的部分就是大众对她创造过程的感知与实际情况的巨大差距。

她并不只是受到灵感的启发。

她没有赢得创造性彩票。

她花了多年阅读、规划和写作，结果才有了《哈利·波特》。

临别赠语

当我们是小孩子时，我们总被告知我们是多么富有创造性。老师和家长都鼓励我们画多种颜色的动物，用玩具创造人物和朋友，把积木变成神奇的塔楼。

但是随着我们长大，我们体内那个创造性的小孩逐渐消失了。在学校，我们学习如何应对标准化考试和做三角形练习题。我们观看的电影、阅读的杂志，都是在告诉我们在难以企及的天才身上发生的故事。新闻记者包装并兜售创造力，把它当成曲高和寡的几个人的专有领域。

当我们开始考虑职业时,我们已经丧失了自己作为创造性人才的可能性。相反,创造性成功变成了某种抽象和遥远的东西。

两年前,当我最初开始研究创造力时,我直接接触到了许多相互矛盾的故事、理论和神话。此外,即便那些很成功的创造性人才也很难识别出他们创造力的根源。

围绕着像罗琳那样的故事的神话使得创造性成功听上去像是好运加奇迹的组合。对于有些人很容易,对于大多数人不可能。对于许多人来说,这些编造出来的天才故事使人特别灰心丧气。通过庆祝少数几个人的伟大,我们的文化表明,我们其余人要么有它要么没它。

但是随着我与越来越多的来自各个领域和各个行业的创造性艺术家交流,一种模式开始显露,对此我采访过的人中只有为数不多的几个人意识到:他们都做着同样的事来点燃和执行他们的创造性想法。

当我遇到创造力研究者和学者时,情况豁然开朗,我意识到了创造力曲线,从接触到喜爱的钟形关系。我认识到这一点是一种基本机制,它决定了事物是否会受欢迎。

世界上最著名的创造性人才都遵循一致的行为模式,这使得他们创造出了击中创造力曲线甜区的电影、小说、音乐、食品、绘画、公司。

通过大量的借鉴、吸收，他们培育了突然灵感迸发时刻的种子，借助熟悉但又不是太过于熟悉的想法改变世界。

通过模仿，他们知道了自己行业内的必要约束与模式，并知道了应该保持多少新颖性。

通过构建社区，他们改进了自己的技能，获得了动力，并发现了能够帮助他们执行项目的合作者。

最后，通过对时机和参与迭代的觉察，他们利用数据和过程来改善自己的工作，并找到熟悉度与新颖性的理想交汇点。

实际上，创造性成功是可以学习的，无论你是一位艺术家还是广告公司的负责人。

但这正是我担心的地方。

有模式，并不意味着就容易上手。

实际上，掌握创造力曲线要花很多年时间。

在你手中的这本书，并不是打算告诉你，只要一点点努力，你就可以成为下一个莫扎特、毕加索、埃隆·马斯克或者J. K. 罗琳。

这本书要告诉你的是，如果你选择挖掘创造力，那么有一条已知的路径，以及一套你需要牢记的关键想法，你还需要去做，才能实现成功。

创造力法则为我们每个人开启创造性潜力提供了蓝图。你可以学会创造性成功的模式，并且假以时日，你会进一步掌握它。

所以，这就让你没有什么理由等到明天才开始写你的小说，才开始写你的歌词或者建立你的公司。

实现你的创造性潜力不是胆小鬼能做到的。它需要经年累月的工作，但它已不再是一件神秘的事情。

致　谢

如果我曾怀疑过"孤独的创造者"的荒诞，那么写这本书就打消了这些怀疑。书的作者也许只有一个人，但一本书是一种群体努力——从那些允许我占用他们宝贵时间采访他们的人，到支持我写作的团队，再到读了无数遍草稿的朋友，直至把这本书整理成册的皇冠出版社的人们。写这样一本书是我做过的个人力量最小的事情。

有大量的人对此书有贡献。特雷弗给我时间和空间来写这本书，并给予我所需要的反馈和鼓励。谢恩·斯诺是第一个听闻这本书概念的人，他的早期鼓励和支持直接推动我写这本书。谢恩友好聪明，今后会在他的职业生涯中写出更多的书。他还向我介绍了我后来的代理人吉米·莱文，并且慷慨地告诉我了富兰克林方法那个点子。

吉米不仅是一位代理人，而且是一名向导。他的建议塑造了我的写作计划以及最终成品。我对他永远心存感激。他的整个团队与我相处无间。他还帮我与皇冠出版社的团队取得联系，以及我的优秀编辑罗杰·舒尔，他知道如何推动我。我感激皇冠出版社的全体团队为我冒风险——写一本书一直是我的雄心壮志，你们使得这一过程变得可行！感谢你们忍受了我那么多的毛病！

无数朋友为此书提供了反馈或以其他方式予以支持。感谢丹·莫斯的持久支持与同情。感谢彼得·史密斯的激励和智慧。感谢杰克·巴鲁的大量编辑工作和建议。感谢史蒂夫·劳福林8年前就成为我最初的坚信者。

感谢我的两位研究助理，斯蒂文·凯利和尼克·布林克，他们使我在全职工作的同时写完这本书！没有他们帮助我保持条理并找到我需要的东西，我是无法想象自己能写成这本书的。他们都很聪明，终有一天会写成他们自己的畅销书。

格雷戈·菲斯克的插图帮助这本书充满活力。正如人们所说，一幅图值上千字。

罗德里格·科拉尔设计的封面给本书添彩。

我的父亲，他也在追寻小说写作的新职业，其间成为我的写作伙伴，为我提供支持和建议。他是一位新作家可以得到的最佳笔友。

我的母亲，她爱我并塑造了今日的我。我把我的好奇心归功于她，并且这本书是她对我的教育的直接产品。

我的继母，是整个写作过程中的支持和爱的来源。

在 TrackMaven 的团队给了我大量支持，使我能在过去两年中的夜晚和周末一直写这本书。

我在 TrackMaven 的董事会成员告诉了我大量关于职业世界的工作原理。我心怀感激地领受了慷慨的支持和建议。你们所有人都塑造了我，不仅是作为 CEO，而且是作为一个人。你们与我分享了太多的智慧。

感谢在华盛顿的众多咖啡馆。我在那些地方写作此书。

最后，感谢我所有的家人和朋友忍受我在过去几年中没有陪伴你们。我感激在此期间你们一直与我同在。

关于来源和方法的说明

这本书主要依赖于多个访谈。创造力的实践者花费大量的时间向我解释他们的创造过程。这些访谈都做了录音和记录。在全书中的引用语都做了编辑以求清晰。未经被采访者的同意，没有对引用语的主旨进行改动。

在某些故事或情景中，我依赖来自多种渠道的资料。只要有可能，都是通过最初来源（比如采访 J.K. 罗琳的第一位出版商和代理人）。有时来自多重的外部记述。

对于《最后的审判》的关键反应的故事是基于瓦萨里的描述。他写了关于这个故事的很多个版本，每一个都有略微不同的细节。在本书中，我使用了他多重描述的细节以及其他人的细节，目的是拼凑出一个与现实没有差距的故事。

关于伦敦出租车研究，我无法得到关于参与者的更多信息，于是我使用了一个名叫索尔的虚构人物来解释这一研究如何有效。他被录取的方式被戏剧化了，但是研究结果是真实的。

最后,全书都可经事实查证。只要有可能,我请学者或实践者来实际查证书中的部分内容。这被证明是非常宝贵的,我感谢他们付出的时间。

注　释

第 1 章

1　*The Beatles Anthology* (New York: Chronicle Books, 2000); Ray Coleman, *McCartney: Yesterday and Today* (London: Boxtree, 1995); Phillip McIntyre, "Paul McCartney and the Creation of 'Yesterday': The Systems Model in Operation," *Popular Music* 25 (2) (2006); David Thomas, "The Darkness Behindthe Smile," *The Telegraph*, August 19, 2004; Alice Vincent, "Yesterday: The Song That Started as Scrambled Eggs," *The Telegraph*, June 18, 2015, http://www.telegraph.co.uk/culture/music/the-beatles/11680415/Yesterday-the-song-that-started-as-Scrambled-Eggs.html.

2　"People: Jane Asher," *The Beatles Bible* (date unlisted), https://www.beatlesbible.com/people/jane-asher/; Coleman, *McCartney*; McIntyre, "Paul McCartney and the Creation of 'Yesterday' "; Thomas, "The Darkness Behind the Smile."

3 Sean Magee, *Desert Island Discs*: 70 *Years of Castaways* (London: Transworld Publishers, 2012).

4 "The Richest Songs in the World," BBC Four, 2012.

5 Gary Wolf, "Steve Jobs: The Next Insanely Great Thing," *Wired*, February 1, 1996, https://www.wired.com/1996/02/jobs–2/.

6 Ian Hammond, "Old Sweet Songs: In Search of the Source of 'I Saw Her Standing There' and 'Yesterday,' " *Soundscapes*: *Journal on Media Culture* 5 (July 2002), http://www.icce.rug.nl/~soundscapes/VOLUME05/Oldsweet songs.shtml; and McIntyre, "Paul McCartney and the Creation of 'Yesterday.' "

第 2 章

1 For more about TrackMaven, check out https://trackmaven.com/.

2 "Annuitas B2B Enterprise Demand Generation Survey 2014," Annuitas (2014), http://go.brighttalk.com/ANNUITAS_B2B_Enterprise_Demand–Generation_Download.html.

3 "Adobe State of Create," Adobe 2012, http://www.adobe.com/aboutadobe/pressroom/pdfs/Adobe_State_of_Create_Global_Benchmark_Study.pdf.

4 Morse Peckham, *Man's Rage for Chaos* (New York: Schocken

Books, 1967).

5 Jonah Berger, *Invisible Influence* (New York: Simon & Schuster, 2016); and Derek Thompson, *Hit Makers* (New York: Penguin, 2017).

第 3 章

1 Miloš Forman, *Amadeus* (The Saul Zaentz Company, 1984).
2 Roger Ebert, "Great Movie: Amadeus," RogerEbert.com, April 14, 2002, http://www.rogerebert.com/reviews/great-movie-amadeus-1984.
3 Kevin Ashton, "Divine Genius Does Not Exist: Hard Work, Not Magical Inspiration, Is Essence of Creativity," *Salon*, February 1, 2015, http://www.salon.com/2015/02/01/divine_genius_does_not_exist_hard_work_not_magical_inspiration_is_essence_of_creativity/.
4 William Stafford, *The Mozart Myths: A Critical Reassessment* (Redwood City: Stanford University Press, 1993).
5 "Wolfgang Mozart," *Biography.com*, https://www.biography.com/people/wolfgang-mozart-9417115; and David P. Schroeder, "Mozart's Compositional Processes and Creative Complexity," *Dalhousie Review* 73 (2) (1993), https://dalspace.library.dal.ca/

bitstream/handle/10222/63147/dalrev_vol73_iss2_pp166_174. pdf?sequence=1; and "Biography of Wolfgang Amadeus Mozart," http://www.wolfgang-amadeus.at/en/biography_of_Mozart.php.

6   Ulrich Konrad, *Mozart's Sketches* (Oxford: Oxford University Press, 1992).

7   Phillip McIntyre, *Creativity and Cultural Production: Issues for Media Practice* (New York: Palgrave Macmillan, 2012); and Robert Spaethling, *Mozart's Letters, Mozart's Life: Selected Letters* (New York: W. W. Norton & Company, 2000).

8   "Mozart and Salieri 'Lost' Composition Played in Prague," BBC News, February 16, 2016, http://www.bbc.com/news/world-europe-35589422; and Sarah Pruitt, "Mozart's 'Lost' Collaboration with Salieri Performed in Prague," History Channel, February 17, 2016, http://www.history.com/news/mozarts-lost-collaboration-with-salieri-performed-in-prague.

9   David Brooks, "What Is Inspiration?" *New York Times*, April 15, 2016, https://www.nytimes.com/2016/04/15/opinion/what-is-inspiration.html.

10 Lucille Wehner et al., "Current Approaches Used in Studying Creativity: An Exploratory Investigation," *Creativity Research*

Journal, January 1991, http://www.tandfonline.com/doi/abs/10.1080/10400419109534398.

11 Plato, *The Collected Dialogues of Plato* (Princeton: Princeton University Press, 1961).

12 "mimesis," Merriam-Webster Online Dictionary, https://www.merriam-webster.com/dictionary/mimesis.

13 McIntyre, *Creativity and Cultural Production*.

14 Anna-Teresa Tymieniecka, *The Poetry of Life in Literature* (Dordrecht: Springer Netherlands, 2000).

15 Walter Scott, "Review: The Man of Genius by Cesare Lombroso," *The Spectator*, 1892.

16 Deborah J. Haynes, *The Vocation of the Artist* (New York: Cambridge University Press, 1997).

17 William D. Montalbano, "It's 'Judgment' Day for Unveiled Sistine Chapel," *Los Angeles Times*, April 9, 1994, http://articles.latimes.com/1994-04-09/news/mn-43912_1_sistine-chapel; and Norman E. Land, "A Concise History of the Tale of Michelangelo and Biagio da Cesena," *Source: Notes in the History of Art* 32 (14) (Summer 2013), https://www.academia.edu/11448286/A_Concise_History_of_the_Tale_of_Michelangelo_and_Biagio_da_Cesena.

18 Details relating to Vasari's literary exploits drawn mostly from Giorgio Vasari, *Lives of the Most Eminent Painters Sculptors and Architects*, translated by Gaston du C. de Vere (Project Gutenberg, 2008), https://www.gutenberg.org/files/25326/25326-h/25326-h.htm#Page_xiii; and Alan G. Artner, "The Excellence of Italian Drawing," *Chicago Tribune*, June 19, 1994, http://articles.chicagotribune.com/1994-06-19/entertainment/9406190328_1_disegno-giorgio-vasari-artists-and-craftsmen.

19 Sir Philip Sidney, "The Defence of Poesy" (1583).

20 William Shakespeare, *A Midsummer Night's Dream* (1595).

21 Mary Shelley, *Frankenstein* (Mineola, N.Y.: Dover Publications, 1994); "Mary Shelley," Biography.com (date unlisted), https://www.biography.com/people/mary-shelley-9481497; and "Mary Wollstonecraft Shelley," *Encyclopedia Britannica* (date unlisted), https://www.britannica.com/biography/Mary-Wollstonecraft-Shelley.

22 Francis Galton, *Hereditary Genius* (New York: Macmillan and Co., 1892), http://galton.org/books/hereditary-genius/text/pdf/galton-1869-genius-v3.pdf; Lombroso, *Man of Genius* (New York: Charles Scribner's Sons, 1896), http://www.gutenberg.org/ebooks/50539;

and John Ferguson Nisbet, *The Insanity of Genius and the General Inequality of Human Faculty: Physiologically Considered* (Ward & Downey, 1891), https://archive.org/details/insanityofgenius00nisb.

23 Henry L. Minton, *Lewis M. Terman* (New York: New York University Press, 1988); Mitchell Leslie, "The Vexing Legacy of Lewis Terman," *Stanford Magazine* (2009), https://barnyard.stanford.edu/get/page/magazine/article/?article_id=40678; and Carl Murchison, *Classics in the History of Psychology* (Worcester, Mass.: Clark University Press, 1930), http://psychclassics.yorku.ca/Terman/murchison.htm.

24 first IQ test: Trisha Imhoff, "Alfred Binet," Muskingum University, 2000, http://muskingum.edu/~psych/psycweb/history/binet.htm.

25 Lewis Madison Terman, *The Measurement of Intelligence* (Boston: Houghton Mifflin, 1916).

26 Ann Doss Helms and Tommy Tomlinson, "Wallace Kuralt's Era of Sterilization," *Charlotte Observer*, September 26, 2011, http://www.charlotteobserver.com/news/local/article9068186.html.

27 Daniel Goleman, "75 Years Later, Study Still Tracking Geniuses," New York Times, March 7, 1995, http://www.nytimes.

com/1995/03/07/science/75-years-later-study-still-tracking-geniuses.html?pagewanted=all; and Richard C. Paddock, "The Secret IQ Diaries," *Los Angeles Times*, July 30, 1995, http://articles.latimes.com/1995-07-30/magazine/tm-29325_1_lewis-terman.

28 Leslie, "The Vexing Legacy of Lewis Terman."

第 4 章

1 Robert McCrae, "Creativity, Divergent Thinking, and Openness to Experience," *Journal of Personality and Social Psychology* 52 (6) (1987), http://psycnet.apa.org/journals/psp/52/6/1258/.

2 Emanuel Jauk, Mathias Benedek, Beate Dunst, and Aljoscha C. Neubauer, "The Relationship Between Intelligence and Creativity: New Support for the Threshold Hypothesis by Means of Empirical Breakpoint Detection," *Frontiers in Psychology* 41 (4) (July 2013), https://www.ncbi.nlm.nih.gov/pmc/articles/PMC3682183/. There is an additional paper that could be written on the nuances of this study. For example, the researchers also found that IQ and creative achievement are correlated up to a higher level than potential. Could that be because people with high IQ are more likely to identify the social and group dynamics necessary to create hits?

3 James Clear, "Threshold Theory: How Smart Do You Have to Be to Succeed?," *Huffington Post*, January 13, 2015, http://www.huffingtonpost.com/james-clear/threshold-theory-how-smar_b_6147954.html.

4 引自我与他的对谈。

5 See Hardesty's original thread here: http://www.conceptart.org/forums/showthread.php/870-Journey-of-an-Absolute-Rookie-Paintings-and-Sketches.

6 K. Anders Ericsson, "Deliberate Practice and the Modifiability of Body and Mind: Toward a Science of the Structure and Acquisition of Expert and Elite Performance," *International Journal of Sport Psychology* 38 (1) (2007), http://drjj5hc4fteph.cloudfront.net/Articles/2007%20IJSP%20-%20Ericsson%20-%20Deliberate%20Practice%20target%20art.pdf.

7 Robyn Dawes, *House of Cards* (New York: Free Press, 1996).

8 James J. Staszewski, *Expertise and Skill Acquisition: The Impact of William G. Chase* (New York: Psychology Press, 2013).

9 Adriaan de Groot, *Thought and Choice in Chess* (New York and Tokyo: Ishi Press, 2016).

10 Ericsson, "Deliberate Practice and the Modifiability of Body and

Mind."

11 Mihaly Csikszentmihalyi, *The Systems Model of Creativity: The Collected Works of Mihaly Csikszentmihalyi* (Dordrecht: Springer Netherlands, 2014).

12 This training has origins from: Juliette Aristides, *Classical Drawing Atelier* (New York: Watson-Guptill Publications, 2006).

13 K. Anders Ericsson, Ralf Th. Krampe, and Clemens Tesch-Romer, "The Role of Deliberate Practice in the Acquisition of Expert Performance," *Psychological Review* 100(3) (July 1993), http://www.nytimes.com/images/blogs/freakonomics/pdf/Deliberate Practice(Psychological Review)pdf; my interviews with him; Neil Charness, "The Role of Deliberate Practice in Chess Expertise," *Applied Cognitive Psychology* 19 (2) (March 2005); and Ericsson, "Deliberate Practice and the Modifiability of Body and Mind."

14 That study is Ericsson et al., "The Role of Deliberate Practice in the Acquisition of Expert Performance."

15 http://www.classical artonline.com/.

16 Eleanor A. Maguire, Katherine Woollett, and Hugo J. Spiers, "London Taxi Drivers and Bus Drivers: A Structural MRI and Neuropsychological Analysis," *Hippocampus* 16 (12) (2006).

17 Aneta Pavlenko, "Bilingual Cognitive Advantage: Where Do We Stand?," *Psychology Today* blog, November 12, 2014, https://www.psychologytoday.com/blog/life-bilingual/201411/bilingual-cognitive-advantage-where-do-we-stand.

18 K. Ball et al., "Effects of Cognitive Training Interventions with Older Adults: A Random ized Controlled Trial," *Journal of the American Medical Association* 288 (18) (November 13, 2002), https://www.ncbi.nlm.nih.gov/pubmed/12425704.

19 Joyce Shaffer, "Neuroplasticity and Clinical Practice: Building Brain Power for Health," *Frontiers in Psychology* 7 (July 26, 2016), https://www.ncbi.nlm.nih.gov/pmc/articles/PMC4960264/.

20 引自我与乔伊斯的对谈。

21 Dan Cossins, "Human Adult Neurogenesis Revealed," *The Scientist*, June 7, 2013, http://www.the scientist.com/?articles.view/articleno/35902/title/human-adult-neurogenesis-revealed/.

第 5 章

1 "Charles Darwin," *Encyclopedia Britannica* (2017), https://www.britannica.com/biography/Charles-Darwin; "Alfred Russel Wallace," *Encyclopedia Britannica* (2017), https://www.britannica.

com/biography/Alfred-Russel-Wallace; "Charles Darwin," Famous Scientists (2017), https://www.famousscientists.org/charles-darwin/; and "Biography of Wallace," Wallace Fund, 2015, http://wallacefund.info/content/biography-wallace; "He Helped Discover Evolution, and Then Became Extinct," *Morning Edition*, NPR, April 20, 2013, http://www.npr.org/2013/04/30/177781424/he-helped-discover-evolution-and-then-became-extinct.

2. Charles Darwin, *The Voyage of the* Beagle (New York: Penguin, 1989).

3. June 18, 1858: http://www.rpgroup.caltech.edu/courses/PBoC%20GIST/files_2011/articles/Ternate%201858%20Wallace.pdf.

4. 华莱士的著作为 *Palm Trees of the Amazon and Their Uses* and *Travels on the Amazon*。

5. 关于同步发明，或称多重发现，类似情形可见 http://www.huffingtonpost.com/jacqueline-salit/a-multiple-independent-di_b_4904050.html。

6. Lucretius, *Delphi Complete Works of Lucretius*(Delphi Classics, 2015).

7. Charles Darwin, *The Works of Charles Darwin, Volume* 16: *The Origin of Species*, 1876 (New York: New York University Press,

2010).

8 "Darwin's Theory of Evolution—Or Wallace's?" The Bryant Park Project, NPR, July 1, 2008, http://www.npr.org/templates/story/story.php?storyId=92059646& from=mobile.

9 Mihaly Csikszentmihalyi, *The Systems Model of Creativity: The Collected Works of Mihaly Csikszentmihalyi* (Dordrecht: Springer Netherlands, 2014).

10 Mihaly Csikszentmihalyi, *Flow: The Psychology of Optimal Experience* (New York: Harper, 2008); and Mihaly Csikszentmihalyi, "Flow, The Secret to Happiness," TED Talk, 2004, https://www.ted.com/talks/mihaly_csikszentmihalyi_on_flow.

11 主要引自我与他的对谈。Csikszentmihalyi, *The Systems Model of Creativity*; and Jacob Warren Getzels and Mihály Csíkszentmihályi, *The Creative Vision: A Longitudinal Study of Problem Finding in Art* (Hoboken, N.J.: Wiley, 1976).

第6章

1 "Get Ready for Baby," Social Security Administration (2017), https://www.ssa.gov/cgi-bin/babyname.cgi.

2 Peggy Orenstein, "Where Have All the Lisas Gone?," *New*

York Times Magazine,* July 6, 2003, http://www.nytimes. com/2003/07/06/magazine/where-have-all-the-lisas-gone.html.

3 Margalit Fox, "Robert Zajonc, Who Looked at Mind's Ties to Actions, Is Dead at 85," *New York Times,* December 7, 2008, http://www.nytimes.com/2008/12/07/education/07zajonc.html.

4 One critical experiment: Robert B. Zajonc, "Attitudinal Effects of Mere Exposure" *Journal of Personality and Social Psychology* 9 (2) (June 1968), http://www.morilab.net/gakushuin/Zajonc_1968.pdf.

5 关于二人的研究，引自对张怡的采访。

6 Leslie A. Zebrowitz and Yi Zhang, "Neural Evidence for Reduced Apprehensiveness of Familiarized Stimuli in a Mere Exposure Paradigm" *Social Neuroscience* 7 (4) (July 2012).

7 "The 700 Lombard Street Shop Is the Third Incarnation of Tattoo City," Ed Hardy's Tattoo City (2011), http://www.tattoocitysf.com/history.html; and Matthew Schneier, "Christian Audigier, Fashion Designer, Dies at 57," *New York Times,* July 13, 2015, https://www.nytimes.com/2015/07/14/business/christian-audigier-57-fashion-designer.html.

8 Jesse Hamlin, "Don Ed Hardy's Tattoos Are High Art and Big Business," *SFGate,* September 30, 2006, http://www.sfgate.com/

entertainment/article/Don-Ed-Hardy-s-tattoos-are-high-art-and-big-2486891.php.

9 Margot Mifflin, "Hate the Brand, Love the Man: Why Ed Hardy Matters," *Los Angeles Review of Books*, August 25, 2013, https://lareviewofbooks.org/article/hate-the-brand-love-the-man-why-ed-hardy-matters/.

10 Mo Alabi, "Ed Hardy: From Art to Infamy and Back Again," CNN, September 30, 2013, http://www.cnn.com/2013/09/04/living/fashion-ed-hardy-profile/index.html.

11 R. B. Zajonc et al., "Exposure, Satiation, and Stimulus Discriminability," *Journal of Personality and Social Psychology* 21 (3) (March 1972), https://www.ncbi.nlm.nih.gov/pubmed/5060747.

12 E. Glenn Schellenberg, "Liking for Happy- and Sad-Sounding Music: Effects of Ex posure" (Psychology Press, 2008), https://www.utm.utoronto.ca/~w3psygs/FILES/SP&V2008.pdf.

13 有关内容引自我与他的对谈。

14 Kristen Fleming, "That Inking Feeling," *New York Post*, June 16, 2013, https://nypost.com/2013/06/16/that-inking-feeling/.

15 Ibid.

16 Christopher Beam, "The Other Social Network," *Slate*,

September 29, 2010, http://www.slate.com/articles/technology/technology/2010/09/the_other_social_network.html; Nicholas Carlson, "At Last—The Full Story of How Facebook Was Founded," *Business Insider*, March 5, 2010, http://www.businessinsider.com/how-facebook-was-founded-2010-3?op=1/#ey-made-a-mistake-haha-they-asked-me-to-make-it-for-them-2; and my interviews with Wayne Ting.

17 Jeremy Quach, "Throwback Thursday: The Facebook vs. CampusNetwork," *Stanford Daily*, May 7, 2015, http://www.stanforddaily.com/2015/05/07/throwback-thursday-thefacebook-vs-campusnetwork/.

18 有关内容引自我与二人的对谈。

19 Rory Cellan-Jones, "Wayne Ting, Nearly a Billionaire. Or How Facebook Won," *dot.Rory*, blog, BBC News, December 21, 2010, http://www.bbc.co.uk/blogs/thereporters/rorycellanjones/2010/12/wayne_ting_nearly_a_billionair.html.

20 David Kirkpatrick, *The Facebook Effect* (New York: Simon & Schuster, 2011).

21 讲座视频网址为 https://www.youtube.com/watch?v=zCdTP2Hn26A。

22 University College London, "Novelty Aids Learning," *Science*

Daily, August 4, 2006, https://www.sciencedaily.com/releases/2006/08/060804084518.htm.

23 Christie L. Nordhielm, "The Influence of Level of Processing on Advertising Repetition Effects," *Journal of Consumer Research* 29 (3) (December 2002).

24 *The Beatles Anthology* (New York: Chronicle Books, 2000); and "The Beatles and India," The Beatles Bible (date unlisted), https://www.beatlesbible.com/features/india/.

25 "Ravi Shankar: 'Our Music Is Sacred'—a Classic Interview from the Vaults," *The Guardian*, December 12, 2012, https://www.theguardian.com/music/2012/dec/12/ravi-shankar-classic-interview.

26 Tuomas Eerola, "The Rise and Fall of the Experimental Style of the Beatles," *Soundscapes*, 2000, http://www.icce.rug.nl/~soundscapes/VOLUME03/Rise_and_fall3.shtml.

第 7 章

1 David Segal, "The Netflix Fix," *New York Times Magazine*, February 8, 2013, http://tmagazine.blogs.nytimes.com/2013/02/08/the-netflix-fix/; Dominique Charriau, "Ted Sarandos," *Vanity Fair* (date unlisted), http://www.vanityfair.com/people/ted-sarandos; and

my interviews with him.

2 Alyson Shontell, "German Publishing Powerhouse Axel Springer Buys Business Insider at a Whopping $442 Million Valuation," *Business Insider*, September 30, 2015, http://www.businessinsider.com/axel-springer-acquiresbusiness-insider-for-450-million-2015-9.

3 Jason Del Rey, "Hudson's Bay Confirms $250 Million Acquisition of Gilt Groupe," *Recode*, 2016, https://www.recode.net/2016/1/7/11588582/hudsons-bay-confirms-250-million-acquisition-of-gilt-groupe.

4 Erin Griffith, "Kevin Ryan, the 'Godfather' of NYC Tech, on Serial Entrepreneurship, Gilt's IPO and a Possible Run for Mayor," *Fortune*, June 30, 2014, http://fortune.com/2014/06/30/kevin-ryan-interview-gilt-groupe/.

5 Ibid.

6 "Profile: Martine Rothblatt," *Forbes* (May 17, 2017), https://www.forbes.com/profile/martine-rothblatt/; and "How a Millionaire Saved Her Daughter's Life—and Tens of Thousands of Others in the Process," *Business Insider*, May 5, 2016, http://www.businessinsider.com/martine-rothblatt-saved-daughters-life-united-

therapeutics-2016-5.

7 "Sirius XM Holdings Inc," Google Finance (2017), https://www.google.com/finance?cid=821110323948726.

8 "United Therapeutics Corporation," Google Finance (2017), https://www.google.com/finance?q=United+Therapeutics.

9 Robert A. Baron, "Opportunity Recognition as Pattern Recognition: How Entrepreneurs 'Connect the Dots' to Identify New Business Opportunities," *Academy of Management Perspectives*, February 2006, http://www.iedmsu.ru/download/fa4_1.pdf.

10 Ibid.

11 有关内容引自我与他的对谈。

12 有关内容引自我与他的对谈。

13 Libby Ryan, "Wipe Those Tears and Meet Connor Franta, Minnesota's YouTube Superstar," *Star Tribune*, April 30, 2015, http://www.startribune.com/wipe-those-tears-and-meet-minnesota-s-youtube-superstar/301705331; and my interviews with him.

14 Norman R. F. Maier, "Reasoning in Humans. II. The Solution of a Problem and Its Appearance in Consciousness," University of Michigan (August 1931).

15 Mark Jung-Beeman et al., "Neural Activity When People Solve

Verbal Problems with Insight," *PLOS Biology*, April 13, 2004, https://sites.northwestern.edu/markbeemanlab/files/2015/11/Neural-activity-observed-in-people-solving-verbal-problems-with-insight-1cspclw.pdf.

16 Edward M. Bowden and Mark Jung-Beeman, "Aha! Insight Experience Correlates with Solution Activation in the Right Hemisphere," *Psychonomic Bulletin and Review* 10 (3) (September 2003), http://groups.psych.northwestern.edu/mbeeman/pubs/PBR_2003_Aha.pdf.

17 "Shower for the Freshest Thinking," Hansgrohe Group (December 5, 2014), http://www.hansgrohe.com/en/23002.htm.

18 有关内容引自我与他的对谈。Anthony Ha, "With MIXhalo, Incubus Guitarist Mike Einziger Aims to Deliver Studio Quality Sound at Live Events," *TechCrunch*, 2017, https://techcrunch.com/2017/05/17/with-mixhalo-incubus-guitarist-mike-einziger-aims-to-deliver-studio-quality-sound-at-live-events/; Marshall Perfetti, "Incubus Is Imperfect on First Album in Six Years," *Cavalier Daily*, April 25, 2017, http://www.cavalierdaily.com/article/2017/04/incubus-is-imperfect-on-first-album-in-six-years; and my interviews with him.

19 Carola Salv et al., "Insight Solutions Are Correct More Often Than Analytic Solutions," *Thinking & Reasoning* 22 (4) (2016), https://sites.northwestern.edu/markbeemanlab/files/2015/11/Salvi_etal_Insight-is-right_TR2016-2n3ns9l.pdf.

第 8 章

1 有关内容引自我与她的对谈。

2 罗曼史小说有关数据引自 "Romance Statistics," Romance Writers of America (date unlisted), https://www.rwa.org/page/romance-industry-statistics。

3 她的月度专栏网址为 http://www.sarahmaclean.net/reviews/。

4 有关内容引自我与她的对谈。

5 "Kurt Vonnegut," *Encyclopedia Britannica* (2017), https://www.britannica.com/biography/Kurt-Vonnegut.

6 Kurt Vonnegut, *A Man Without a Country* (New York: Seven Stories Press, 2005).

7 The study produced by his team of academic superheroes was Reagan et al., "The Emotional Arcs of Stories Are Dominated by Six Basic Shapes," EPJ Data Science, November 4, 2016, https://epjdatascience.springeropen.com/articles/10.1140/epjds/s13688-

016-0093-1.

8 有关内容引自我与他的对谈。

9 有关内容引自我与他的对谈。

10 视频网址为 https://www.youtube.com/watch?v=3wE5GBdPY30。

11 Gregory S. Berns and Sara E. Moore, "A Neural Predictor of Cultural Popularity," *Journal of Consumer Psychology* 22(1) (January 2012), https://www.cs.colorado.edu/~mozer/Teaching/syllabi/TopicsInCognitiveScienceSpring2012/Berns_JCP%20-%20Popmusic%20final.pdf; and my interviews with him.

12 Bianca C. Wittmann et al., "Anticipation of Novelty Recruits Reward System and Hip-pocampus While Promoting Recollection," *Neuroimage* 38 (1) (October 2007), https://www.ncbi.nlm.nih.gov/pmc/articles/PMC2706325/.

13 Michelle Koidin Jaffee, "The Voice of His Generation," *University of Virginia Magazine*, Fall 2014, http://uvamagazine.org/articles/voice_of_his_generation; and my interviews with him.

14 Benjamin Franklin, *The Autobiography of Benjamin Franklin* (Project Gutenberg, 2006), http://www.gutenberg.org/files/20203/20203-h/20203-h.htm; and George Goodwin, "Ben Franklin Was One-Fifth Revolutionary, Four-Fifths London Intellectual," *Smithsonian*, March

1, 2016, http://www.smithsonianmag.com/history/ben-franklin-was-one-fifth-revolutionary-four-fifths-london-intellectual-180958256/.

15 博客网址为 https://www.nytimes.com/by/andrew-ross-sorkin。

16 有关内容引自我与他的对谈。

第9章

1 D. K. Simonton, "The Social Context of Career Success and Course for 2,026 Scientists and Inventors," *Personality and Social Psychology Bulletin*, August 1, 1992.

2 Dr. Benjamin Bloom, *Developing Talent in Young People* (New York: Ballantine Books, 1985).

3 D. K. Simonton, "Artistic Creativity and Interpersonal Relationships Across and Within Generations," *Journal of Personality and Social Psychology* 46 (6) (June 1984).

4 "Taylor Swift," *Billboard* (date unlisted), http://www.billboard.com/artist/371422/taylor-swift/chart.

5 John Seabrook, "Blank Space: What Kind of Genius Is Max Martin?," *The New Yorker*, September 30, 2015, http://www.newyorker.com/culture/cultural-comment/blank-space-what-kind-of-genius-is-max-martin; and "List of Billboard number-one

singles," Wikipedia (date unlisted), https://en.wikipedia.org/wiki/List_of_Billboard_number-one_singles.

6 "The Scandinavian Secret Behind All Your Favorite Songs," WBUR, 2015, http://www.wbur.org/onpoint/2015/10/02/dr-luke-taylor-swift-katy-perry-pop-music.

7 *Billboard* Staff, "Max Martin's Hot 100 No. 1s as a Songwriter—From Justin Timberlake's 'Can't Stop the Feeling!' to Britney Spears's '... Baby One More Time,'" *Billboard*, May 23, 2016, http://www.billboard.com/photos/7378263/max-martin-hot-100-no-1-hits-as-a-songwriter.

8 "Song Summit 2012: In Conversation—Arnthor Birgisson," Song Summit, YouTube, 2012, https://www.youtube.com/watch?v=i6jkDdc_b8I.

9 John Seabrook, "The Doctor Is In," *The New Yorker*, October 14, 2013, http://www.newyorker.com/magazine/2013/10/14/the-doctor-is-in.

10 Bloom, "Developing Talent in Young People."

11 Zack O'Malley Greenburg, "For 30 Under 30 Alum D. A. Wallach, a Strong Start to the Next 30," *Forbes*, November 24, 2015, https://www.forbes.com/sites/zackomalleygreenburg/2015/11/24/

for-30-under-30-alum-d-a-wallach-a-strong-start-to-the-next-30/#18b4b49654bb; and my interviews with him.

12 他是影片中 80 个伴舞中的一个。

13 "About David," davidrubenstein.com (date unlisted), http://www.davidrubenstein.com/biography.html; "Profile: David Rubenstein," *Forbes*, October 10, 2017, https://www.forbes.com/profile/david-rubenstein/; and my interviews with him.

14 "MarketBeat Manhattan Q1 2017," Cushman & Wakefield (2017), http://www.cushmanwakefield.com/en/research-and-insight/unitedstates/manhattan-office-snapshot; "Market Beat San Francisco Q1 2017," Cushman & Wakefield (2017), http://www.cushmanwakefield.com/en/research-and-insight/unitedstates/san-francisco-office-snapshot/; and "San Francisco," RedFin (2017), https://www.redfin.com/city/17151/CA/San-Francisco.

15 Richard Florida, *The Rise of the Creative Class*(New York: Basic Books, 2014).

16 Brian Knudsen et al., "Urban Density, Creativity, and Innovation," *Creative Class*, May 2007, http://creative class.com/rfcgdb/articles/Urban_Density_Creativity_and_Innovation.pdf.

17 更多信息见 David B. Audretsch and Maryann P. Feldman, "Knowledge

Spillovers and the Geography of Innovation," *Handbook of Urban and Regional Economics* 4 (May 9, 2003), http://www.econ.brown.edu/Faculty/henderson/Audretsch-Feldman.pdf。

18 Jim Vorel, "Lincoln Grad Proud of Her 'Brave' Oscar," *Herald & Review*, May 9, 2013, http://herald-review.com/entertainment/local/lincoln-grad-proud-of-her-brave-oscar/article_689eee72-b8e6-11e2-8919-0019bb2963f4.html; Nicole Sperling, "When the Glass Ceiling Crashed on Brenda Chapman," *Los Angeles Times*, May 25, 2011, http://articles.latimes.com/2011/may/25/entertainment/la-et-women-animation-sidebar-20110525; and my interviews with her.

19 Michael Paulson, "What It's Like to Make It in Showbiz with Your Best Friend," *New York Times*, November 10, 2016, http://nytimes.com/2016/11/13/theater/benj-pasek-justin-paul-dear-evan-hansen.html; Alexa Valiente, " 'Dear Evan Hansen' Creators Benj Pasek and Justin Paul Say the Musical Almost Had a Different Storyline," ABC News, 2017, http://abcnews.go.com/Entertainment/dear-evan-hansen-creators-benj-pasek-justin-paul/story?id=47864862; Marc Snetiker, "First Listen: Dear Evan Hansen Debuts Inspiring Anthem 'You Will Be Found,' " *Entertainment Weekly* (January 30, 2017), http://ew.com/theater/2017/01/30/dear-evan-hansen-you-will-be-

found-first-listen; and my interviews with Pasek.
20 That theater is Arena Stage in Washington, D.C.
21 Charles Isherwood, "Re- view: In 'Dear Evan Hansen,' a Lonely Teenager, a Viral Lie and a Breakout Star," *New York Times*, December 4, 2016, https://www.nytimes.com/2016/12/04/theater/dear-evan-hansen-review.html.
22 有关内容引自我与他的对谈。
23 "Comedy Listings for July 29- Aug. 4," *New York Times*, July 28, 2016, https://www.nytimes.com/2016/07/29/arts/comedy-listings-for-july-29-aug-4.html.
24 Casey Neistat, "iPod's Dirty Secret-from 2003," YouTube, 2003, https://www.youtube.com/watch?v=SuTcavAzopg.
25 "The Neistat Brothers," IMDb (date unlisted), http://www.imdb.com/title/tt1666727/.
26 Check him out! https://www.you tube.com/user/caseyneistat/videos.
27 Alastair Sooke, "Jeremy Deller: 'When I Got Close to Warhol,'"BBC, December 2, 2014, http://www.bbc.com/culture/story/20141202-when-i-got-close-to-warhol.
28 Jacob Warren Getzels and Mihály Csíkszentmihályi, *The Creative Vision*: *A Longitudinal Study of Problem Finding in Art* (Hoboken:

Wiley, 1976).

29 "Maria Goeppert Mayer—Biographical," NobelPrize.org (date unlisted), https://www.nobelprize.org/nobel_prizes/physics/laureates/1963/mayer-bio.html; and "Maria Goeppert-Mayer," Atomic Heritage Foundation (date unlisted), http://www.atomicheritage.org/profile/maria-goeppert-mayer.

30 Harriet Zuckerman, *Scientific Elite: Nobel Laureates in the United States* (New Brunswick: Transaction Publishers, 1977).

31 CMT Staff, "Taylor Swift Joins Rascal Flatts Tour," CMT News, 2006, http://www.cmt.com/news/1543489/taylor-swift-joins-rascal-flatts-tour/.

32 Christina Garibaldi, "Taylor Swift Is Making Shawn Mendes' Dreams Come True," MTV News, 2014, http://www.mtv.com/news/1997360/taylor-swift-shawn-mendes-1989-world-tour/.

33 Andrea Gaggioli et al., *Networked Flow: Towards an Understanding of Creative Networks* (New York: Springer, 2013), http://www.springer.com/gp/book/9789400755512.

34 Stacy L. Smith et al., "Inclusion or Invisibility?," Annenberg School for Communication and Journalism, February 22, 2016, http://annenberg.usc.edu/pages/~/media/MDSCI/CARDReport%20

FINAL%2022216.ashx.

第 10 章

1 my interviews with Jerry Greenfield and with Ben & Jerry's staff, my visit to the headquarters, and first-tongue experience of the product. Also, from sources like "Our History," Ben & Jerry's (date unlisted), http://www.benjerry.com/about-us#1timeline.
2 有关内容引自我与她的对谈。
3 Mike Fleming Jr., " 'Hunger Games' Producer Nina Jacobson Acquires Kevin Kwan's 'Crazy Rich Asians,' " *Deadline*, August 6, 2013, http://deadline.com/2013/08/hunger-games-producer-nina-jacobson-acquires-kevin-kwans-crazy-rich-asians-557932/.
4 Hollywood's quadrant approach: For more, see Edward Jay Epstein, "Hidden Persuaders," *Slate*, July 18, 2005, http://www.slate.com/articles/arts/the_hollywood_economist/2005/07/hidden_persuaders.html.
5 有关内容引自我与他的对谈。
6 "*Fatal Attraction*," IMDb (date unlisted), http://www.imdb.com/title/tt0093010/.
7 有关内容引自我与他的对谈，以及 "Who We Are," Screen Engine

(date unlisted)，http://www.screenenginellc.com/who.html。

8 It's 1996. President Bill Clinton: Bill Clinton,"Clinton's Speech Accepting the Democratic Nomination for President," *New York Times*, August, 30, 1996, http://www.nytimes.com/1996/08/30/us/clinton-s-speech-accepting-the-democratic-nomination-for-president.html.

9 有关内容引自我与她的对谈。

后记

1 "Harry Potter and Me," BBC, 2001, https://youtu.be/SrJiAG8GmnQ; Lindsay Fraser, "Harry and Me," *The Scotsman*, November 9, 2002, http://www.scotsman.com/lifestyle/culture/books/harry-and-me-1-628320; and "JK Rowling," Jkrowling.com (date unlisted), https://www.jkrowling.com/about/.

2 Doreen Carvajal, "Chil-dren's Book Casts a Spell Over Adults; Young Wizard Is Best Seller and a Copyright Challenge," *New York Times*, April 1, 1999, http://www.nytimes.com/1999/04/01/books/children-s-book-casts-spell-over-adults-young-wizard-best-seller-copyright.html.

3 James B. Stewart, "In the Chamber of Secrets: J. K. Rowling's

Net Worth," *New York Times*, November 24, 2016, https://www.nytimes.com/2016/11/24/business/in-the-chamber-of-secrets-jk-rowlings-net-worth.html.

4 "Magic, Mystery, and Mayhem," Amazon.co.uk.

5 "Magic, Mystery, and Mayhem: An Interview with J. K. Rowling," Amazon.co.uk (date unlisted), https://www.amazon.com/gp/feature.html?docId=6230.

6 Hayley Dixon, "JK Rowling Tells of Her Mother's Battle with Multiple Sclerosis," *The Telegraph*, April 28, 2014, http://www.telegraph.co.uk/news/celebritynews/10791375/JK-Rowling-tells-of-her-mothers-battle-with-multiple-sclerosis.html.

7 Rowling, "Harry Potter and Me."

8 罗琳手绘作品见: Colin Marshall, "How J. K. Rowling Plotted Harry Potter with a Hand-Drawn Spreadsheet," *Open Culture*(2015), http://www.openculture.com/2014/07/j-k-rowling-plotted-harry-potter-with-a-hand-drawn-spreadsheet.html。

9 Rachel Gillett, "From Welfare to One of the World's Wealthiest Women—The Incredible Rags-to-Riches Story of J. K. Rowling," *Business In sider*, May 18, 2015, http://www.businessinsider.com/the-rags-to-riches-story-of-jk-rowling-2015-5.

10 Geordie Greig, "'I Was As Poor As It's Possible to Be ... Now I Am Able to Give': In This Rare and Intimate Interview, JK Rowling Reveals Her Most Ambitious Plot Yet," *Daily Mail*, October 26, 2013, http://www.dailymail.co.uk/home/event/article-2474863/JK-Rowling-I-poor-possible-be.html.

11 J. K. Rowling and Margaret Lenker, "5 Times J.K. Rowling Got Real About Depression," *The Mighty*, August 1, 2015, https://themighty.com/2015/08/5-times-j-k-rowling-got-real-about-depression/.

12 Chris Hastings and Susan Bisset, "Literary Agent Made £15m Because JK Rowling Liked His Name," *The Telegraph*, June 15, 2003, http://www.telegraph.co.uk/news/uknews/1433045/Literary-agent-made-15m-because-JK-Rowling-liked-his-name.html; Fraser, "Harry and Me"; J. K. Rowling, "Harry Potter and Me," BBC, 2001, https://youtu.be/SrJiAG8GmnQ; and David Smith, "Harry Potter and the Man Who Conjured Up Rowling's Millions," *The Guardian*, July 15, 2007, https://www.theguardian.com/business/2007/jul/15/harrypotter.books.

13 By the end: Alison Flood, "JK Rowling Says She Received 'Loads' of Rejections Before Harry Potter Success," *The Guardian*, March

24, 2015, http://www.foxnews.com/story/2008/03/23/jk-rowling-considered-suicide-while-suffering-from-depression-before-writing.html.

14 有关内容引自我与他的对谈。

15 Lisa DiCarlo, "Harry Potter and the Triumph of Scholastic," *Forbes*, May 9, 2002, https://www.forbes.com/2002/05/09/0509harrypotter.html.

16 "New Cafe at Building Where JK Rowling Penned Harry Potter Book," *The Scotsman*, October 31, 2009, http://www.scotsman.com/news/new-cafe-at-building-where-jk-rowling-penned-harry-potter-book-1-1222584; and "Book Written in Edinburgh Cafe Sells For $100,000," *The Herald* (1997).